物联网感知技术应用

主 编 张 颖 李松林
副主编 彭淑燕 马节节

WULIANWANG GANZHI
JISHU YINGYONG

南京大学出版社

前　言

我们的社会正处在技术高度发展的时代，感知技术已经得到了非常广泛的应用。感知技术是物联网的基础，它跟现在一些基础网络设施的结合，能够为未来人类社会提供无所不在、全面的感知服务。物联网感知层涉及的技术众多，比如自动识别技术、传感技术、定位技术、传感网。

本书是作者在总结多年传感器技术和网络技术方面教学、实践经验，吸收有关物联网传感技术应用教学研究最新成果的基础上，充分吸收"项目化课程开发"、"理实一体化"及"典型工作任务导向"等高等职业教育教学改革最新成果，依据"适度、够用"的理念，结合高级物联网工程师的要求，对教材内容进行基于传感技术、无线传感网实验和应用基础上编写而成。本书各学习单元以典型工作任务为载体，既注重基本理论的描述，更注重传感技术的实际应用，力求概念准确、层次清晰、重点突出、简明扼要、通俗易懂。

建议教学进度安排如下表：

课程内容		理论学时	实操学时	小计
项目一	IAR集成开发环境搭建	2	6	8
项目二	微处理器通用I/O读写	4	12	16
项目三	传感器技术与应用	6	15	24
项目四	无线传感器网络技术应用	5	15	20
项目五	综合项目实战			4	4
合　计		17	55	72

本书由江苏经贸职业技术学张颖、北京凌阳爱普科技有限公司李松林担任主编，江苏经贸职业技术学院彭淑燕、北京凌阳爱普科技有限公司马节节担任副主编，并由张颖统稿。本书在编写过程中参阅了国内外一些重要文献以及同行专家的论文和专著，结合校企合作开发实验室的相关实验资料。由于时间和作者的水平有限，书中难免有疏漏和不当之处，恳请专家、读者批评指正。

编者
2014 年 12 月

目 录

项目一 IAR 集成开发环境搭建 ··· 1
  1.1 IAR 集成开发环境概述 ·· 1
  1.2 任务一:IAR 集成开发环境安装 ·· 2
    1.2.1 任务分析 ··· 2
    1.2.2 支撑知识 ··· 2
    1.2.3 任务同步训练 ··· 3
  1.3 任务二:IAR 集成开发环境使用 ··· 10
    1.3.1 任务分析 ·· 10
    1.3.2 支撑知识 ·· 11
    1.3.3 任务同步训练 ·· 13
  1.4 自主训练 ··· 28

项目二 微处理器通用 I/O 口读写 ··· 29
  2.1 传感器实训平台概述 ··· 29
    2.1.1 传感器实训平台结构 ··· 29
    2.1.2 传感器节点结构 ·· 30
    2.1.3 调试器硬件说明 ·· 33
    2.1.4 微处理器 CC2530 介绍 ·· 33
  2.2 任务一:微处理器 I/O 端口输出应用 ································· 34
    2.2.1 任务分析 ·· 34
    2.2.2 支撑知识 ·· 34
    2.2.3 任务同步训练 ·· 38
  2.3 任务二:微处理器 I/O 端口输入应用 ································· 41
    2.3.1 任务分析 ·· 41
    2.3.2 支撑知识 ·· 41
    2.3.3 任务同步训练 ·· 45
  2.4 任务三:定时器计时应用 ·· 48
    2.4.1 任务分析 ·· 48
    2.4.2 支撑知识 ·· 48
    2.4.3 任务同步训练 ·· 51
  2.5 任务四:微处理器与计算机串口通信 ································· 53
    2.5.1 任务分析 ·· 53
    2.5.2 支撑知识 ·· 54

  2.5.3 任务同步训练 ··· 58
 2.6 自主训练 ··· 63

项目三 传感器技术与应用 ··· 65
 3.1 传感器概述 ··· 65
 3.2 任务一：气体传感器应用 ··· 66
  3.2.1 任务分析 ··· 66
  3.2.2 支撑知识 ··· 66
  3.2.3 任务同步训练 ··· 69
 3.3 任务二：光照度传感器应用 ··· 72
  3.3.1 任务分析 ··· 72
  3.3.2 支撑知识 ··· 73
  3.3.3 任务同步训练 ··· 75
 3.4 任务三：红外测距传感器应用 ·· 78
  3.4.1 任务分析 ··· 78
  3.4.2 支撑知识 ··· 79
  3.4.3 任务同步训练 ··· 82
 3.5 任务四：语音传感器应用 ··· 85
  3.5.1 任务分析 ··· 85
  3.5.2 支撑知识 ··· 85
  3.5.3 任务同步训练 ··· 91
 3.6 任务五：温湿度传感器应用 ··· 94
  3.6.1 任务分析 ··· 94
  3.6.2 支撑知识 ··· 94
  3.6.3 任务同步训练 ·· 105
 3.7 任务六：执行节点控制器 ·· 109
  3.7.1 任务分析 ·· 109
  3.7.2 支撑知识 ·· 110
  3.7.3 任务同步训练 ·· 113
 3.8 自主训练 ·· 116

项目四 无线传感器网络技术应用 ··· 118
 4.1 ZigBee 技术介绍 ·· 119
  4.1.1 ZigBee 技术概述 ·· 119
  4.1.2 ZigBee 协议规范 ·· 120
  4.1.3 ZigBee 网络组成 ·· 122
  4.1.4 ZigBee 应用领域 ·· 122
 4.2 任务一：ZigBee 2007 协议栈建立 ··· 123
  4.2.1 任务分析 ·· 123

    4.2.2 支撑知识 ……………………………………………………… 123
    4.2.3 任务同步训练 ………………………………………………… 129
  4.3 任务二:ZigBee 2007 协议栈应用 ……………………………………… 133
    4.3.1 任务分析 ………………………………………………………… 133
    4.3.2 支撑知识 ………………………………………………………… 133
    4.3.3 任务同步训练 …………………………………………………… 144
  4.4 任务三:ZigBee 星型网络搭建 ………………………………………… 152
    4.4.1 任务分析 ………………………………………………………… 152
    4.4.2 支撑知识 ………………………………………………………… 152
    4.4.3 任务同步训练 …………………………………………………… 153
  4.5 任务四:ZigBee 树状网络搭建 ………………………………………… 159
    4.5.1 任务分析 ………………………………………………………… 159
    4.5.2 支撑知识 ………………………………………………………… 159
    4.5.3 任务同步训练 …………………………………………………… 160
  4.6 任务五:传感器的无线通信 …………………………………………… 166
    4.6.1 任务分析 ………………………………………………………… 166
    4.6.2 支撑知识 ………………………………………………………… 166
    4.6.3 任务同步训练 …………………………………………………… 167
  4.7 自主训练 ………………………………………………………………… 176

项目五 综合项目实战 …………………………………………………………… 177
  5.1 任务一:基于物联网的自习室节能控制系统 ………………………… 177
    5.1.1 任务分析 ………………………………………………………… 177
    5.1.2 支撑知识 ………………………………………………………… 177
    5.1.3 任务同步训练 …………………………………………………… 181
  5.2 自主训练 ………………………………………………………………… 190

附录 1:实训平台节点管理程序 ……………………………………………… 192

项目一 IAR 集成开发环境搭建

拟实现的能力目标

N1.1 能够完成 IAR 软件安装；
N1.2 能够完成 IAR 集成开发环境配置；
N1.3 熟练使用 IAR 集成开发环境。

须掌握的知识内容

Z1.1 IAR 工程文件结构；
Z1.2 C 语言程序设计。

> 本单元包含 2 个学习任务：
> 任务 1：IAR 集成开发环境安装；
> 任务 2：IAR 集成开发环境使用。

1.1 IAR 集成开发环境概述

IAR Embedded Workbench IDE（简称 EW）是一套完整的集成开发工具集合，包括从代码编辑器、工程建立到 C/C++编译器、连接器和调试器的各类开发工具。它和各种仿真器、调试器紧密结合，使用户在开发和调试中，仅使用一种开发环境界面，就可完成对多种微处理器的开发。IAR 集成开发环境界面如图 1-01 所示。

IAR Embedded Workbench IDE 提供一个框架，任何可用的工具都可以完整地嵌入其中，这些工具包括：

(1) 高度优化的 IAR AVR C/C++编译器；
(2) AVR IAR 汇编器；
(3) 通用 IAR XLINK Linker；
(4) IAR XAR 库创建器和 IAR XLIB Librarian；
(5) 一个强大的编辑器；
(6) 一个工程管理器；
(7) TM IAR C-SPY 调试器；
(8) 一个高级语言调试器。

IAR Embedded Workbench IDE 适用于大量 8 位、16 位以及 32 位的微处理器和微控

制器,使用 C/C++和汇编语言可方便开发嵌入式应用程序,使用户在开发新项目时也能在熟悉的开发环境中进行。

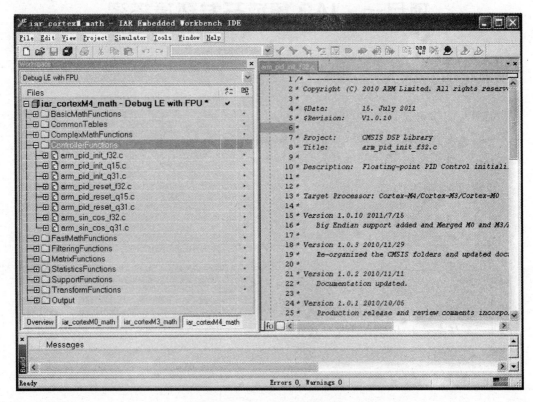

图 1-01　IAR 集成开发环境

1.2　任务一:IAR 集成开发环境安装

1.2.1　任务分析

【任务目的】

1. 掌握 IAR 集成开发环境安装流程;
2. 掌握 IAR 集成开发环境安装注册方法。

【任务要求】

完成 IAR 集成开发环境安装,并正确注册。

1.2.2　支撑知识

IAR 的 Embedded Workbench 系列适用于开发基于 8 位、16 位以及 32 位微处理器的嵌入式系统,其集成开发环境具有统一界面,为用户提供了一个易学易用的开发平台。用户可以针对多种不同的目标处理器,在相同的集成开发环境中进行基于不同 CPU 的嵌入式系统应用程序开发,有效提高工作效率,节省工作时间。IAR 的 Embedded Workbench 系列还是一种可扩展的模块化环境,允许用户采用自己喜欢的编辑器和源代码控制系统,链接定位器(XLINK)可以输出多种格式的目标文件,使用户可以采用第三方软件进行仿真调试和芯片编程。

1.2.3 任务同步训练

IAR Embedded Workbench IDE 的安装文件如图 1-02 所示。

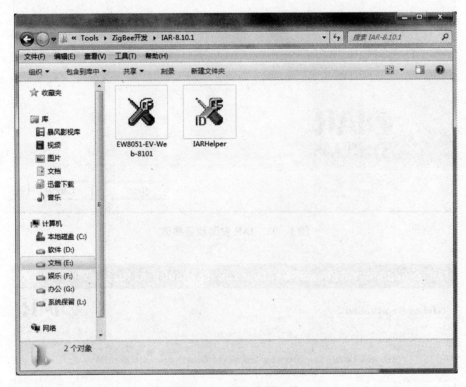

图 1-02 IAR 安装文件

其中,"EW8051-EV-Web-8101.exe"即为安装程序。

双击"EW8051-EV-Web-8101.exe"文件,运行 IAR 8.1.0 安装程序,弹出如图 1-03 所示界面。

点击"Next",继续安装,出现如图 1-04 所示的在线注册选项。

继续点击"Next",出现如图 1-05 所示的许可协议选项,选择"I accept the terms of the license agreement"。

继续点击"Next",出现注册选项界面,如图 1-06 所示。其中,Name 和 Company 两项根据需要填写。

图 1-03　IAR 安装欢迎界面

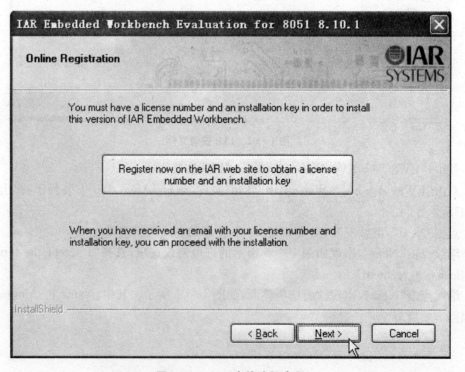

图 1-04　IAR 在线注册选项

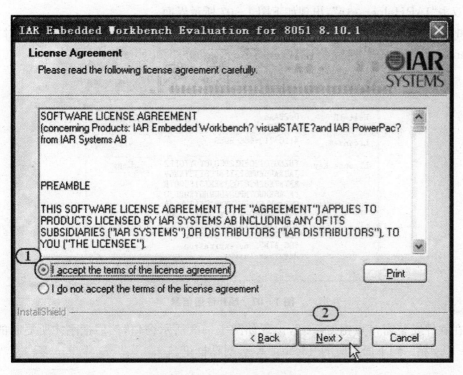

图 1-05 IAR 协议许可

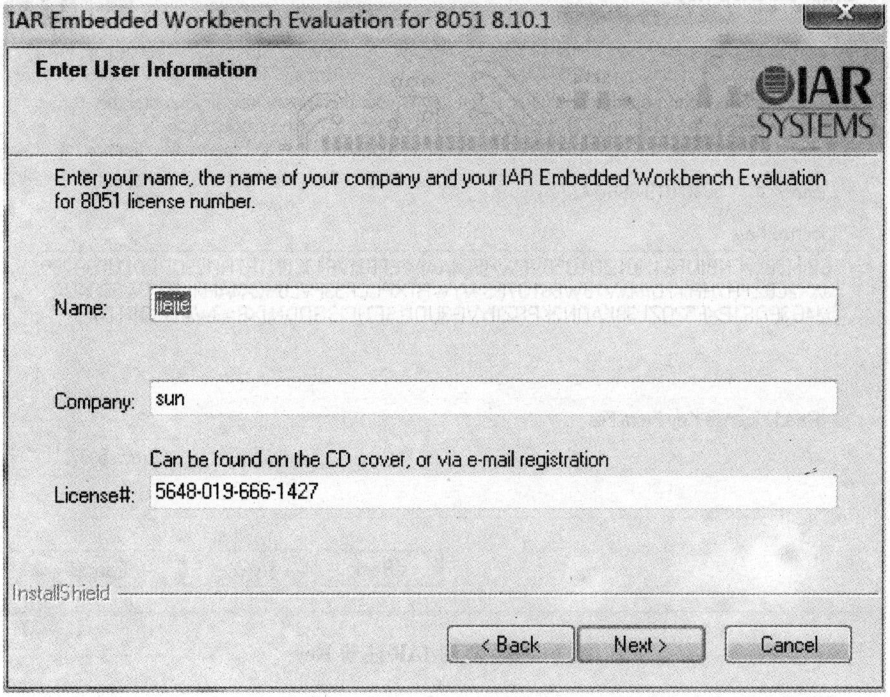

图 1-06 IAR 基本信息填写

双击"IARHelper.exe",出现如下图1-07所示界面。

把安装窗口的"License♯"后面的序号复制并粘贴到 IAR Helper 窗口对应的"License♯"对话框里,然后点击"License Key"后面的"Copy"按钮。

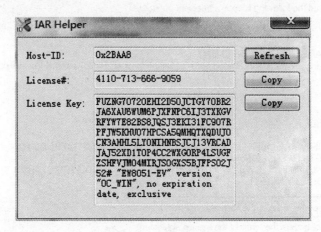

图1-07　IAR 注册信息

在软件安装窗口点击"Next",出现如图1-08所示窗口,然后把刚才所复制的 License Key 粘贴到下面对应的"License Key"对话框里。

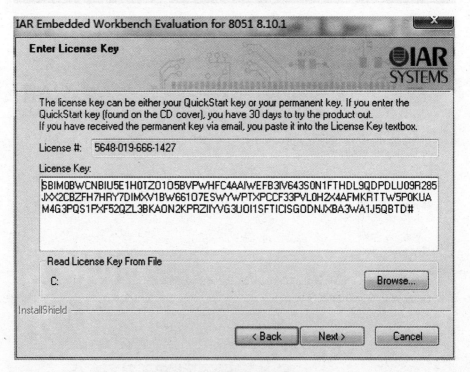

图1-08　复制 IAR 注册 Key

输入无误后,点击"Next",出现安装类型选择界面,如图1-09所示,通常选择"Complete"即可。

项目一　IAR 集成开发环境搭建

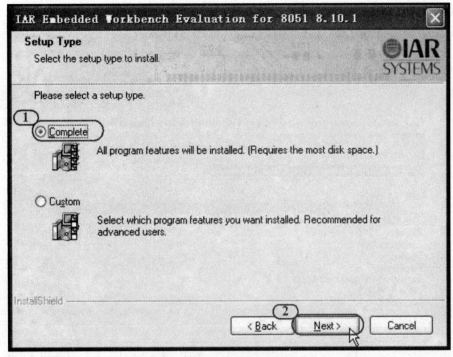

图 1-09　IAR 安装类型选择

选择无误后,点击"Next",安装向导将询问软件的安装路径,如图 1-10 所示。通常使用默认位置安装即可。

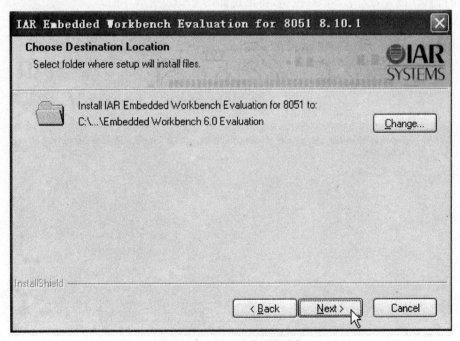

图 1-10　IAR 安装位置选择

安装路径选择完毕后,点击"Next",出现如图 1-11 所示界面。

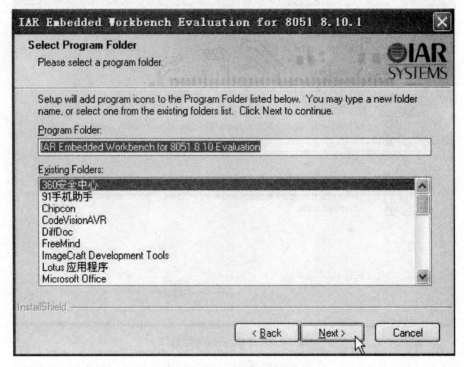

图 1-11　IAR 程序组选择

保持默认设置,点击"Next"按钮,将出现如图 1-12 所示界面。

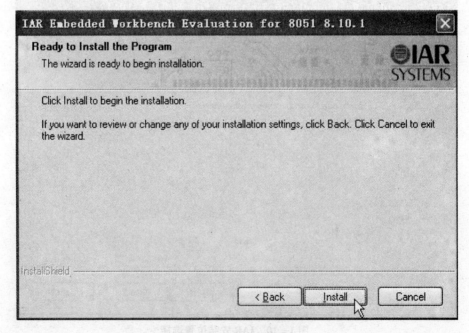

图 1-12　IAR 安装确认

直接点击"Install"按钮,即可开始安装,如图1-13所示。

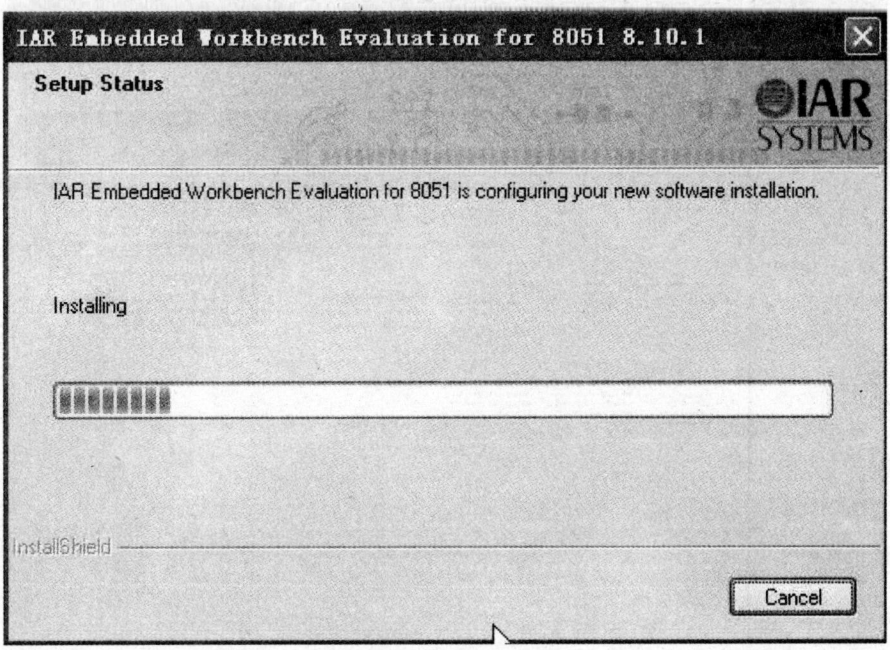

图1-13 IAR安装进度

安装结束,将出现如图1-14所示界面,直接点击"Finish",即可完成IAR的安装。

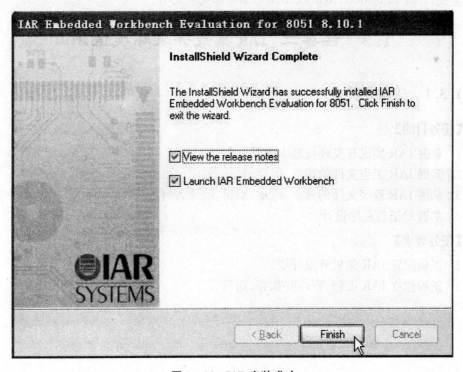

图1-14 IAR安装成功

安装结束后，会自动打开 IAR 8.1.0，如图 1-15 所示。

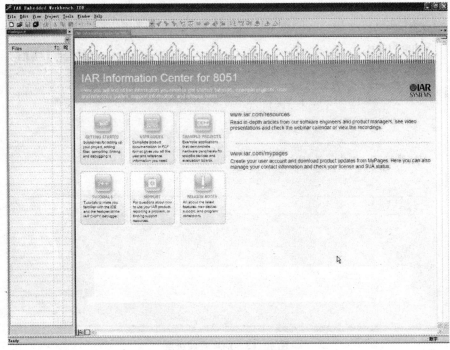

图 1-15　IAR 基本界面

至此，IAR Embedded Workbench 8.1.0 即安装完毕。

1.3　任务二：IAR 集成开发环境使用

1.3.1　任务分析

【任务目的】

1. 掌握 IAR 集成开发环境基本配置；
2. 掌握 IAR 工程文件的建立、保存、打开、关闭；
3. 掌握 IAR 程序文件的建立、添加、编辑、编译、保存、关闭；
4. 掌握 C 语言程序设计。

【任务要求】

1. 正确配置 IAR 集成开发环境；
2. 正确建立 IAR 工程、程序并保存、运行。

1.3.2 支撑知识

一、IAR集成开发环境构成

(1) 工程管理器；
(2) IAR C-SPY 调试器与调试系统；
(3) IAR C/C++编译器；
(4) IAR 汇编器；
(5) IAR XLINK 连接器；
(6) IAR XAR Library Builder 库创建器和 IAR XLIB Librarian 库管理器。

二、IAR软件目录结构

IAR 软件安装完成后目录结构如图 1-16 所示。

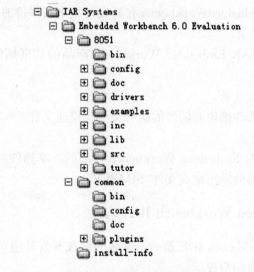

图 1-16 IAR 软件目录结构

1. 8051\config 目录

包含用于配置开发环境和工程的文件，比如连接器命令模板文件(*.xcl)、特殊函数注册描述文件(*.sfr)、C-SPY 设备描述文件(*.ddf)、语法着色配置文件(*.cfg)、应用工程和库工程文件的模板文件(*.ewp)，以及它们相应的库配置文件。

2. 8051\doc 目录

包含最新信息的帮助文档。

3. 8051\inc 目录

包含内部文件，比如标准 C 或 C++库的头文件。同样，还有定义特定功能寄存器的特殊头文件，而这些文件主要由编译器和汇编器来使用。

4. 8051\lib 目录

包含编译器使用的预先创建的库以及相应的库配置文件。

5. 8051\src 目录

包含一些可配置库功能的源文件以及一些应用程序代码示例。此外还包含库的源代码。

6. 8051\tutor 目录

包含本文档中的教程的相应文件。

7. common 公共目录

包含所有嵌入式 IAR Embedded Workbench 产品共享的插件所在的子目录。

8. Common\bin 目录

包含所有嵌入式 IAR Embedded Workbench 产品共享插件的可执行文件,例如 IAR XLINK Linker、IAR XLIB Librarian、IAR XAR Library Builder,以及编辑器和图形用户接口插件。IAR Embedded Workbench 的可执行文件也放置在这里。

9. Common\config 目录

包含嵌入式 IAR EmbeddedWorkbench 在开发环境中所保持的设置。

10. Common\doc 目录

包含了所有嵌入式 IAR Embedded Workbench 产品的共享插件的最新信息的帮助文档。

11. Common\plugin 目录

包含可作为载入式插件模块的插件的执行文件与描述文件。

12. Common\src 目录

包含所有嵌入式 IAR Embedded Workbench 产品的共享插件的源文件,比如一个简单的 IAR XLINK 连接器的输出格式文件"SIMPLE"。

三、IAR Embedded Workbench IDE 功能

IAR Embedded Workbench IDE 是一个灵活的集成开发环境,使用户可以针对多种不同的目标处理器开发应用程序。

1. 项目管理

IAR Embedded Workbench IDE 能帮助用户控制所有的工程模块,例如,C 或者 C++源代码文件、汇编文件、"引用"文件以及其他相关模块。用户创建一个工作区,可以在此开发一个或多个工程。文件可以组合,可以为各级设置选项:工程、组、或者文件。任何修改都被记录,从而保证重新设计时可以获得所有所需的模块,而可执行文件中不会包含已过期的模块。

(1)通过工程模板可以创建独立的可编辑和可运行的工程文件,使开发平稳启动;

(2)分级的工程表述;

(3)具有分级图标的源代码浏览器;

(4)可以为全球化、组和个人源代码文件设置选项;

(5)"Make"功能只在必要时才实行再编译、再汇编和再连接文件；
(6)基于文本的工程文件；
(7)自定义功能使用户轻松的扩展标准工具栏；
(8)工程文件输入时可使用命令行模式。

2. 源代码控制

源代码控制（Source Code Control，SCC），作为修订控制，可用于跟踪用户源代码的不同版本。IAR Embedded Workbench IDE 可以识别和接受基于 Microsoft 发布的 SCC 接口规范的任何第三方源代码控制系统。

3. 窗口管理

为使用户充分而方便地控制窗口的位置，每个窗口都可停靠，用户就可以有选择地给窗口做上标记。可停靠的窗口系统还通过一种节省空间的方式使多个窗口可同时打开。另外，重新分配窗口大小也很方便。

4. 文本编辑器

集成化的文本编辑器可以并行编辑多个文件，并具有时兴编辑器所期望的所有编辑特性，包括无限次的撤销/重做和自动完成。另外它还包含针对软件开发的特殊功能，比如关键字的着色（C/C++，汇编和用户定义等）、段缩进以及对源文件的导航功能。还可识别 C 语言元素（例如括号的匹配问题）。

(1)上下文智能帮助系统可以显示 DLIB 库的参考信息；
(2)使用文本风格和色条指出 C、C++和汇编程序的语法；
(3)强大的搜索和置换功能，包括多文件搜索；
(4)从错误列表直接跳转到程序行；
(5)支持多字节字符；
(6)圆括号匹配；
(7)自动缩排；
(8)书签功能；
(9)每个窗口均可无限次撤销和重做。

5. 文档

丰富文档资源，另外还有在线的帮助文件以及超文本格式的 PDF 用户文档。

1.3.3 任务同步训练

1. 打开 IAR 集成开发环境

安装完成后计算机桌面上将会出现图标 ，双击该图标打开 IAR 集成开发环境，如图 1-17 所示界面。

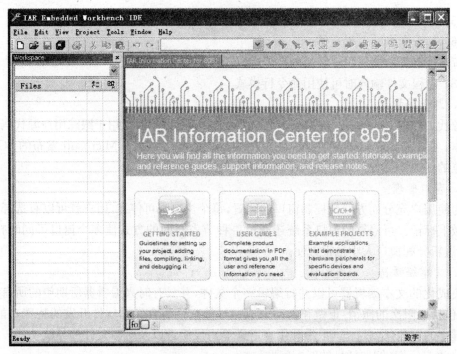

图 1-17 IAR 基本界面

2. 建立一个新的工程

在"Project"下拉菜单里点击"Create New Project"命令,如图 1-18 所示。

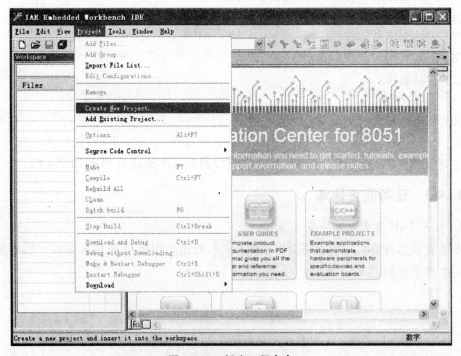

图 1-18 新建工程命令

然后会出现一个对话框,在对话框中选择"Empty Project",如图 1-19 所示。

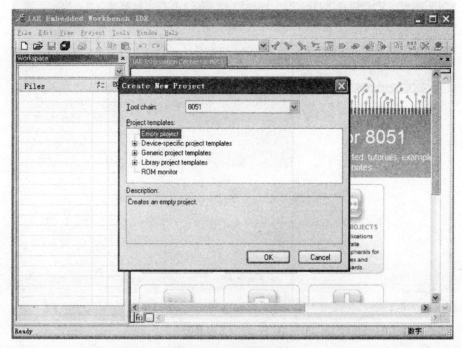

图 1-19　工程模板选择

点击"OK",就会出现如图 1-20 所示界面,在"文件名"处输入新建工程的名字,如"CC2530Project",然后选择工程所保存的路径,点击"保存"按钮完成工程建立。

图 1-20　选择工程保存位置

工程建立完成后的界面如图 1-21 所示。

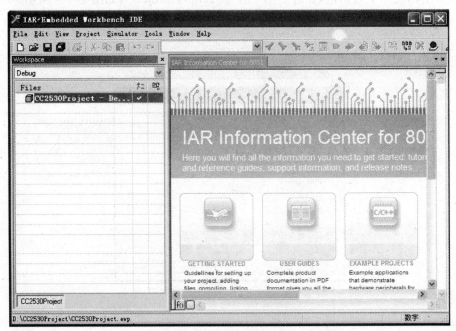

图 1-21　工程界面

3. 新建文件

建立新文件,文件名为"main. c"。

在工程界面下点击"File"菜单,然后选择"New",在"New"的下拉列表中单击"File",如图 1-22 所示。

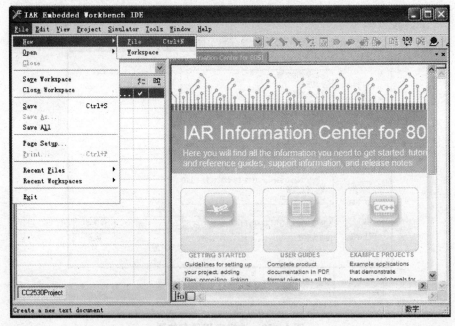

图 1-22　新建文件命令

新建文件内容为空白,如图 1-23 所示。

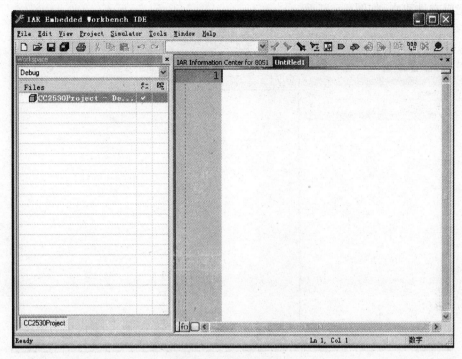

图 1-23 新文件窗口

然后点击"保存"按钮,出现如图 1-24 所示界面。

图 1-24 文件保存界面

在"文件名"处输入文件名"main.c",文件保存位置选择工程文件路径,点击"保存"按钮,完成文件建立,如图1-25所示。

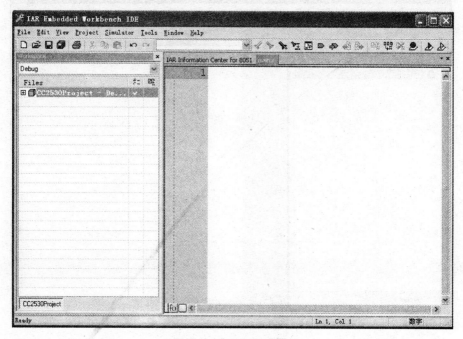

图1-25 文件编辑界面

4. 编辑C语言代码

在右侧C语言代码编辑窗口,可以进行C语言文件编辑并保存,如图1-26所示。

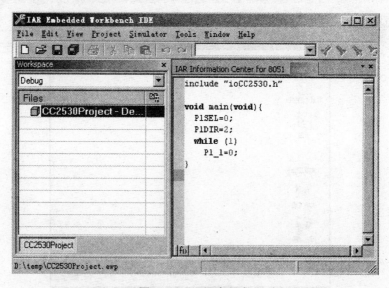

图1-26 C语言程序

5. 添加文件到工程

文件如果不属于工程,需要动手添加,如把"main.c"文件添加到工程中。如图 1-27 所示,选择工程名,单击右键,选择"Add"菜单项后的"Add Files…"命令。

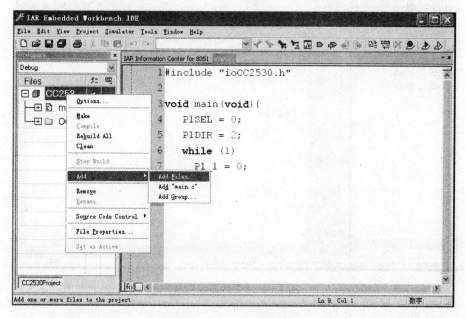

图 1-27　添加文件命令

然后出现如图 1-28 所示对话框。

图 1-28　选择文件

双击"main.c"文件名即可完成文件的添加,结果如图1-29所示。

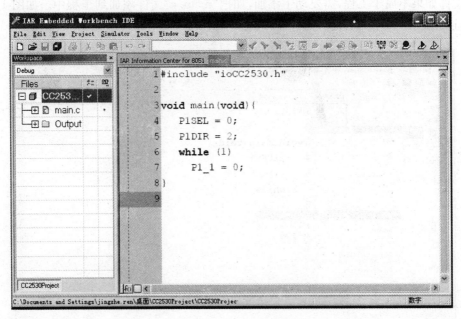

图1-29 文件添加完成

6. 编译程序

如图1-30所示,单击"编译"按钮,即可对当前文件进行编译连接。

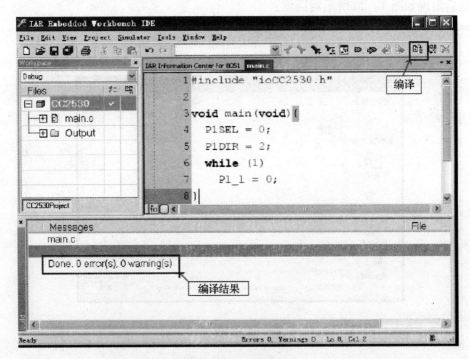

图1-30 文件编译

编译结果在下面信息栏中,现在信息栏方框处显示信息表明此程序文件没有错误,可以运行。

7. 下载调试程序

如图1-31所示,单击窗口右上角 按钮即可执行程序下载,同时进入程序调试界面。

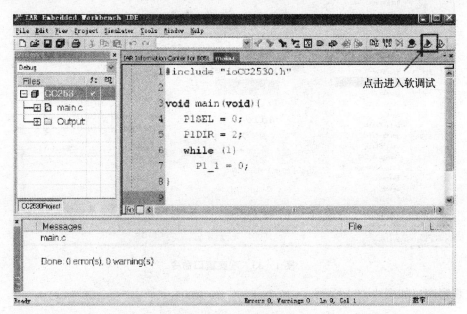

图 1-31 下载按钮

调试界面如图1-32所示。

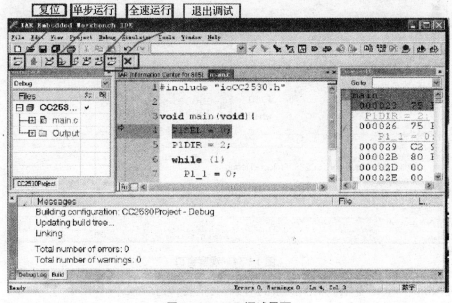

图 1-32 IAR 调试界面

如图1-33所示,在调试对话框中单击"View",在弹出下拉菜单中单击"Watch"选项,即可出现一个观察窗口。

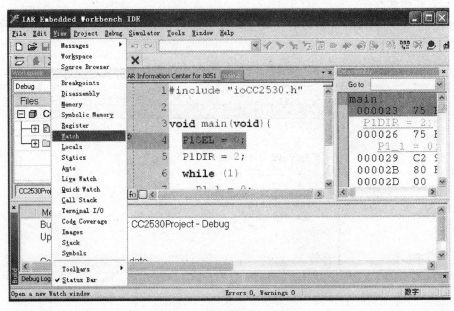

图1-33 观察窗口命令

观察窗口如图1-34所示。

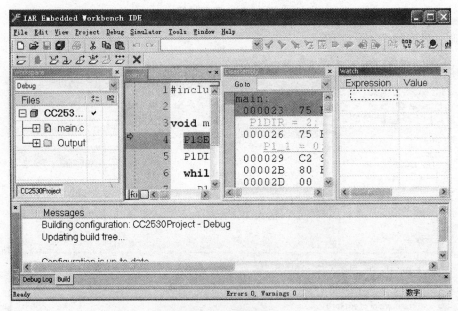

图1-34 观察窗口

在"Expression"下输入需要观察的对象(变量名、寄存器名),如图1-35所示。

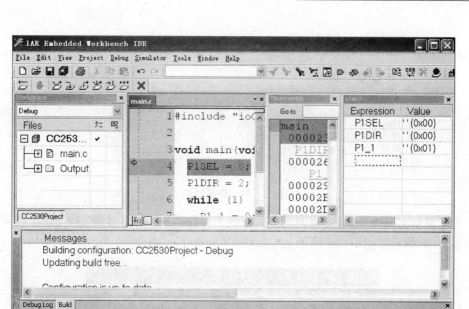

图 1-35 输入观察对象

然后单击"单步运行"按钮，观察变化，如图 1-36 所示。

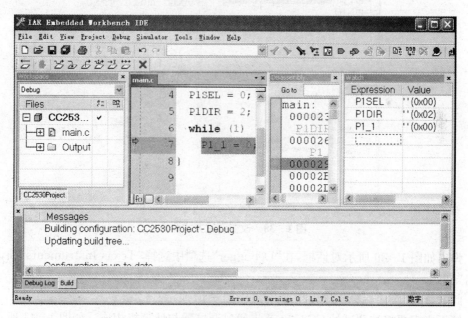

图 1-36 单步运行

上述是新建工程和文件的过程，新建完毕的工程调试时默认为仿真状态，可从如图 1-37 所示判断出。在仿真状态下，代码并不会下载到硬件中执行。

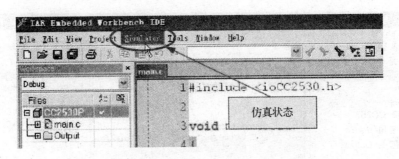

图 1-37 仿真状态

为了观察实际效果，需要将调试方式修改为硬件调试。具体步骤如下：在工程文件名处单击右键，弹出如图 1-38 所示菜单，选择"Options…"命令。

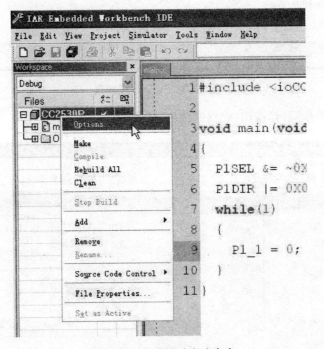

图 1-38 改变调试方式命令

弹出如图 1-39 所示对话框，在"Debugger"选项中选择"Texas Instruments"项，然后点击"OK"。

此时，IAR 菜单栏第 5 项发生变化，如图 1-40 所示。

接下来需要将被调试的 CC2530 节点通过调试器与计算机相连。如图 1-41 所示，使用 USB A-B 延长线，将调试器与计算机 USB 接口连接在一起。

项目一　IAR集成开发环境搭建

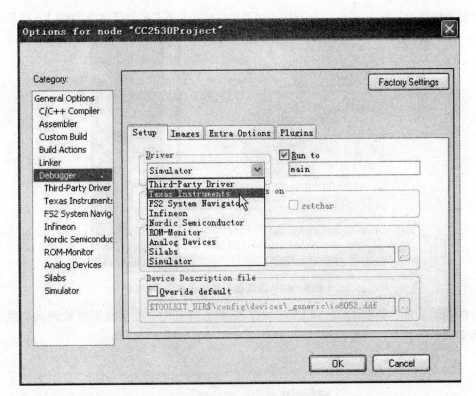

图1-39　选择硬件

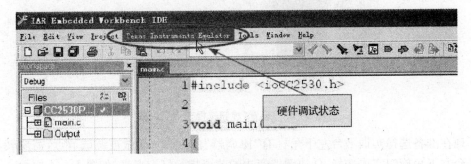

图1-40　菜单命令变化

图1-41　调试器与计算机连接

· 25 ·

将调试器的另外一端的 10pin 排线连接到实训平台左下角的调试接口,如图 1-42 所示。

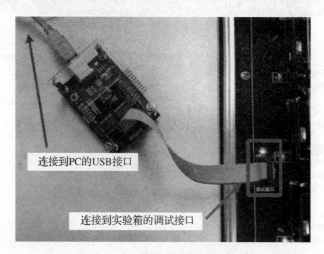

图 1-42 调试器与实训平台连接

在实训平台上共有 12 个 CC2530 节点,需要选择其中一个节点来做被调试节点。首先将实训平台右上角开关拨至"旋钮节点选择"一侧,如图 1-43 所示。

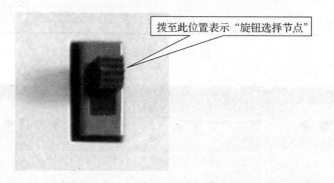

图 1-43 设置"旋钮选择节点"状态

现在准备选择实训平台左下角标有"协调器"的 CC2530 做被调试节点,需要转动实训平台左下角旋钮完成选择,使协调器旁边的节点指示灯被点亮,如图 1-44 所示。

图 1-44 选择被调试节点

然后在 IAR 集成开发环境点击如图 1-45 所示的下载图标(此时为硬件调试状态),便可将编译好的代码下载到 CC2530 中。

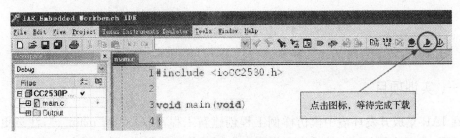

图 1-45　程序下载按钮

等待下载成功后,出现如图 1-46 所示的界面。

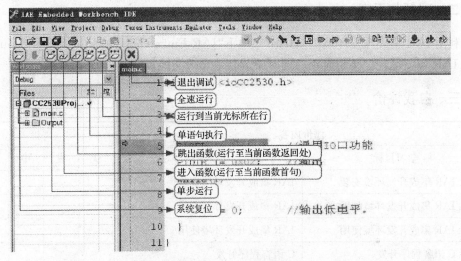

图 1-46　IAR 调试界面

单击"全速运行"按钮,注意观察,可发现如图 1-47 所示的标号为 8 的 LED 灯被点亮。

图 1-47　协调器的 D9 灯

至此我们熟悉了 IAR 集成开发环境的安装、工程建立、程序编写与编译、调试等过程。

1.4 自主训练

一、实训项目

在 IAR 集成开发环境中模仿样例工程创建新工程,编写程序"main.c",注意更换其中 P1SEL 和 P1DIR 赋值,然后在实训平台上下载并运行程序,观察相应 LED 变化,并做记录。

二、理解与思考

利用 IAR 集成开发环境的"Help"菜单下"IAR Embedded Workbench User Guide",学习 IAR 各项设置含义与应用。同时阅读其他参考文档,加深对 IAR 的熟悉。

三、自我评价

评价内容		评价			
学习目标	评价项目	优	良	中	差
熟悉 IAR 集成开发环境安装	IAR 集成开发环境安装				
熟悉 IAR 集成开发环境配置	IAR 集成开发环境配置				
熟悉 IAR 集成开发环境使用	IAR 集成开发环境使用				
熟悉 C 语言程序开发	C 语言程序开发				

项目二　微处理器通用I/O口读写

拟实现的能力目标

N2.1　能够完成微处理器I/O口输出驱动；
N2.2　能够完成微处理器I/O口输入驱动；
N2.3　能够完成微处理器定时器驱动；
N2.4　能够完成微处理器与计算机串口通信驱动。

须掌握的知识内容

Z2.1　掌握传感器节点基本结构；
Z2.2　掌握CC2530结构特点；
Z2.3　掌握各种传感器功能；
Z2.4　掌握微处理器串行数据通信驱动方法。

> 本单元包含4个学习任务：
> 任务1：微处理器I/O端口输出应用；
> 任务2：微处理器I/O端口输入应用；
> 任务3：定时器计时应用；
> 任务4：微处理器与计算机串口通信。

2.1　传感器实训平台概述

2.1.1　传感器实训平台结构

无线传感与接收实训平台主要包括12个节点和嵌入式网关,其中包括气体传感器节点、温湿度传感器节点、雨滴传感器节点、火焰传感器节点、烟雾传感器节点、光照度传感器节点、人体红外传感器节点、语音传感器节点、红外测距传感器节点共9个传感器节点,如图2-01所示。

物联网感知技术应用

图 2-01　传感器实训平台

2.1.2　传感器节点结构

实训平台上每个传感器节点由核心板、扩展板和传感器组成,核心板和扩展板的硬件实物如图 2-02 所示。

图 2-02　核心板和扩展板组合实物图

核心板通过排针、排座和扩展板连接,传感器集成在扩展板上。

1. 传感器节点核心板硬件说明

核心板即CC2530单片机,是每个传感器节点的MCU部分,所以每个节点都必须有个核心板。如图2-03所示,左边的白色条状是贴片天线,此端应朝向实验平台的外边缘。

图2-03 节点核心板硬件设计

2. 传感器节点扩展板硬件说明(如图2-04所示)

图2-04 节点扩展板硬件实物结构

（1）JTAG下载口:调试器和传感器节点连接口。

（2）UART调试接口:CC2530串口0引出端口。

（3）转接板供电选择:每个节点都可以连接不同类型的传感器,不同种类传感器需要的工作电压有5 V和3.3 V两种,通过跳线帽连接选择。

（4）电源指示LED:扩展板正常供电时该灯呈红色,如果此灯呈粉红色,请检查供电及标号7所示的拨动开关是否处于"ON"端。

（5）转接板接口:核心板的I/O及电源端口,各种传感器及控制模块插接口。

（6）5 V DC电源接口:当节点从实训平台上取下时,可以通过该接口供电。

（7）底板电源开关:用于关闭核心板电源供电,但当串口调试线或下载器和扩展板连接时,关闭后电源指示灯仍然呈粉红色,是正常现象。

（8）通信指示LED:两个LED灯D8和D9分别连接到了核心板I/O口的P2_0、

P1_1。用于观察节点运行状态。

（9）复位按钮：短按一次即可使CC2530芯片复位,当节点和调试器连接时,该按钮无效,需要通过调试器上的按钮复位节点。

（10）调试接口：对用户无效。

（11）核心板接口：CC2530板插接口。

（12）Mini头UART口：该口是CC2530的UART0接口。需要观察串口数据时,从此处连接节点和计算机,然后通过串口调试助手观察数据。

（13）串口0跳线帽：需要通过计算机串口调试助手查看数据或进行控制时该跳线帽必须连接。

3. 各传感器模块硬件说明

实验平台配置了9种传感器,这些传感器根据不同的产品组合,可能会有所不同,但它们均可以通过与实验箱上12个节点的任意连接来完成一定的功能。常见传感器如表2-01所示。

表2-01 传感器类型

实物	名称	工作电压	功能简介
	MQ-6（气体）传感器	5.0 V	检测是否有LPG、LNG、甲烷类可燃气体
	温湿度传感器	3.3 V	检测温度和空气湿度
	雨滴传感器	3.3 V	检测是否有降雨
	火焰传感器	3.3 V	检测是否有火光
	MQ-2（烟雾）传感器	5.0 V	检测是否有烟雾微粒
	光照度传感器	3.3 V	检测环境光照强度
	人体红外传感器	3.3 V	检测传感器附近是否有人活动

(续表)

实物	名称	工作电压	功能简介
	语音模块	5.0 V	语音识别功能
	红外测距传感器	5.0 V	检测物体和传感器之间距离

2.1.3 调试器硬件说明

调试器是将在计算机上编译好的程序导入传感器节点的工具,并且可以在线调试、查看代码的运行状态,其实物如图 2-05 所示。

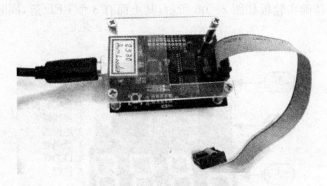

图 2-05 调试器硬件实物图

2.1.4 微处理器 CC2530 介绍

CC2530 是新一代无线微处理器或无线单片机,支持 IEEE 802.15.4 标准/ZigBee/ZigBee RF4CE 的应用,是理想 ZigBee 专业应用。

CC2530 集成了一个高性能 RF 收发器、一个 8051 微处理器、8 kB 的 RAM、32/64/128/256 KB 闪存,以及其他强大的支持功能和外设。

CC2530 可以应用于包括远程控制、消费型电子、家庭控制、计量和智能能源、楼宇自动化、医疗以及更多领域。

2.2 任务一:微处理器 I/O 端口输出应用

2.2.1 任务分析

【任务目的】

1. 掌握 CC2530 的 C 语言编程方法;
2. 掌握 CC2530 的 P1 口作为输出口的使用方法。

【任务要求】

1. 编程要求:编写一段 C 语言程序;
2. 实现功能:通过 CC2530 的 P1 口输出数据控制 8 个 LED 的亮灭;
3. 实验现象:利用基础实验板上的 8 个 LED 灯实现流水灯效果。

2.2.2 支撑知识

一、基础实验板介绍

实训平台上基础实验板如图 2-06 所示,其上面有 8 个 LED 灯,同时包含 CC2530 微处理器。

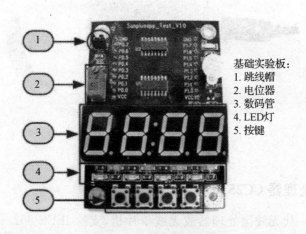

图 2-06 基础实验板

基础实验板可以方便地连接到串行传输接口和 ZigBee 节点上,用于观察实验现象。

1. 基础实验板电路原理图

基础实验板上的 8 个 LED 灯的电路原理图如图 2-07 所示,采用共阴极方式连接。

项目二 微处理器通用 I/O 口读写

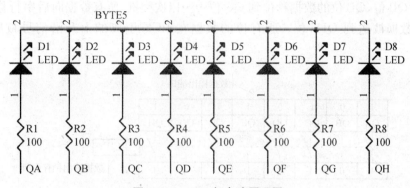

图 2-07 LED 灯电路原理图

由于 CC2530 端口驱动能力有限,所以基础实验板用 ULN2003 芯片做驱动,其电路原理图如图 2-08 所示。ULN2003 是高耐压、大电流复合晶体管阵列,内部 7 个反相器当输入高电平时,输出为低电平,此时可以吸收 500 mA 的电流,一般用于 LED 驱动。

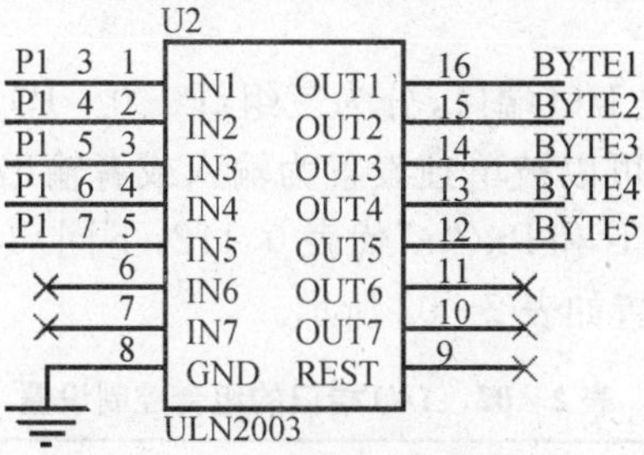

图 2-08 ULN2003 电路原理图

基础实验板为了节省端口,采用串行输入、并行输出的移位锁存器 74HC595。这样便可利用 3 个 I/O 口控制 8 个 LED 灯以及数码管的状态。74HC595 的电路原理图如图 2-09 所示。

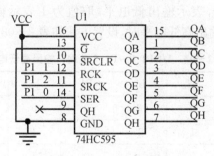

图 2-09 74HC595 电路原理图

74HC595 是 8 位输出锁存移位寄存器,数据输入由三个引脚组合控制,分别是数据输入引脚 SER、数据输入控制引脚 SRCK 和数据输出锁存引脚 RCK。

SER 引脚上的数据在 SRCK 引脚的上升沿信号保存到 QA 引脚,同时 QA 位上的数据移位到 QB 位,QB 位的数据移位到 QC 位……以次类推,所有数据向后串行移动一位,QH 位的数据被送到 QH'位。所有位的数据在 RCK 引脚的上升沿信号被所存到输出端。

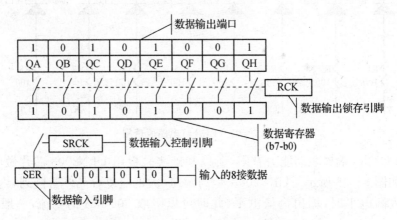

图 2-10 74HC595 工作原理示意图

2. I/O 端口输出控制

CC2530 有 21 个可编程 I/O 端口,分为三组:P0_0~P0_7、P1_0~P1_7 和 P2_0~P2_7口,其中每一个端口都可以被单独设置为输入或者输出口。CC2530 的 I/O 口的输出方式是通过 PxDIR、PxSEL 和 Px("x"代表 0、1、2,下同)3 个 8 位寄存器组合控制的。I/O 口输出模式组合控制设置如表 2-02 所示。

表 2-02 I/O 端口的组合控制设置

PxDIR	PxSEL	Px	功能
1	0	0	输出低电平
1	0	1	输出高电平

表中 PxDIR 取值为 1,表示 I/O 端口为输出模式;PxSEL 取值为 0,表示 I/O 端口为通用 I/O 口;Px 取值为 0,表示输出低电平,取值为 1 表示输出高电平。当 I/O 端口 P1_0~P1_7 各 I/O 端口输出高低电平时,设置方法如表 2-03 所示。

表 2-03 I/OP1_0~P1_7 各端口输出高低电平

寄存器	b7	b6	b5	B4	b3	b2	b1	b0
P1SEL	0	0	0	0	0	0	0	0
P1DIR	1	1	1	1	1	1	1	1
P1	1	0	1	0	1	0	1	0

3. LED 的亮与灭控制

利用 CC2530 的 P1_0、P1_1、P1_2、P1_7 这 4 个端口控制 8 个 LED 灯的亮灭。

二、微处理器 I/O 端口输出程序代码样例

```c
#include "led.h"
#include "Basic.h"
uint16 T_delay = 10;
void main(void){
  INIT_LED();
  for( ;; )
  {
    LEDprintf(LED1_ON,BYTE_5);
    Delay(T_delay);
    LEDprintf(LED2_ON,BYTE_5);
    Delay(T_delay);
    LEDprintf(LED3_ON,BYTE_5);
    Delay(T_delay);
    LEDprintf(LED4_ON,BYTE_5);
    Delay(T_delay);
    LEDprintf(LED5_ON,BYTE_5);
    Delay(T_delay);
    LEDprintf(LED6_ON,BYTE_5);
    Delay(T_delay);
    LEDprintf(LED7_ON,BYTE_5);
    Delay(T_delay);
    LEDprintf(LED8_ON,BYTE_5);
    Delay(T_delay);
  }
}
#include "led.h"
void INIT_LED(void)
{
  P1SEL &= ~0xFF;
  P1DIR |= 0xFF;
  P1 = 0;
}
void LEDprintf(unsigned char data,unsigned char byte)
{
  unsigned char bits = 0;
  unsigned char get_bit = 0x80;
```

```
    P1 |= byte;
    RCK = LOW;
    SRCK = LOW;
    for(bits = 8; bits > 0; bits --)
    {
        if(data & get_bit)
            SER = 1;
        else
            SER = 0;
        SRCK = HIGH;
        get_bit >>= 1;
        SRCK = LOW;
    }
    RCK = HIGH;
}
```

2.2.3 任务同步训练

本任务训练中使用实训平台上标有"协调器"的节点配合基础实验板来操作,注意确保协调器节点底板上的 J10 供电选择跳线帽连接到 3.3 V。

1. 设备连接

将基础实验板插接到协调器节点的转接板接口上,如图 2-11 所示。

图 2-11 将基础实验板安装至协调器节点

将调试器一端使用 USB A-B 延长线连接至计算机的 USB 接口,另一端的 10pin 排线连接到实训平台左下角的调试接口,如图 2-12 所示。

将实训平台右上角的开关拨至"旋钮节点选择"一侧,如图 2-13 所示。

转动实训平台左下角的旋钮,使得协调器旁边的 LED 灯被点亮,如图 2-14 所示。

项目二　微处理器通用 I/O 口读写

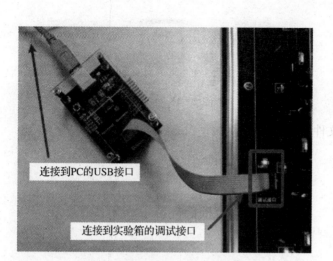

图 2-12　程序下载硬件连接图

图 2-13　选择节点调试控制模式

图 2-14　调整调试节点

2. 工程文件编辑与编译

在 IAR 集成开发环境平台上模仿样例程序编辑驱动工程文件，然后点击工具栏"Make"按钮编译工程，如图 2-15 所示。

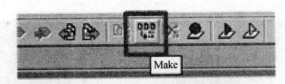

图 2-15 编译工程

等待工程文件编译完成,确保编译没有错误,如图 2-16 所示。

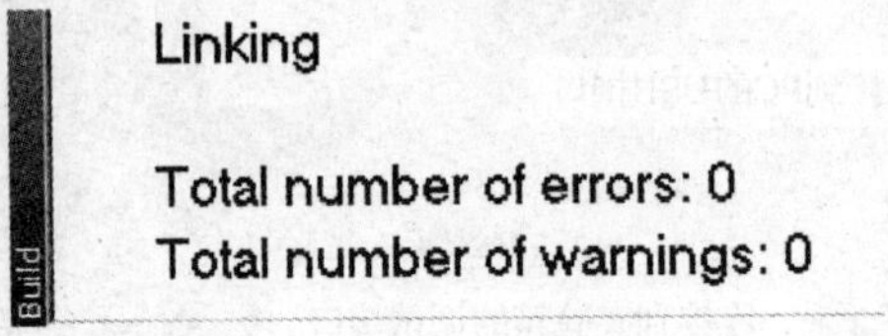

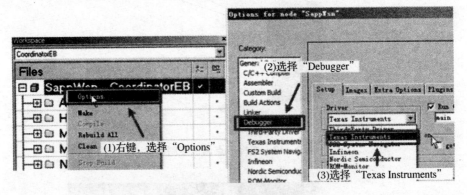

图 2-16 编译完成

3. 工程文件下载

在工程名称上点击鼠标右键,选择"Options"命令,并在弹出的对话框选择左侧的"Debugger",然后在右侧的"Driver"列表中选择"Texas Instruments",如图 2-17 所示。

图 2-17 选择调试驱动

点击"Download and Debug"按钮,如图 2-18 所示。

图 2-18 下载并进入调试状态

等待程序全部下载后,点击"Go"按钮,使程序开始运行,如图 2-19 所示。

图 2-19 运行程序

观察全速运行状态下,基础实验板上 8 个 LED 灯的变化。

2.3 任务二:微处理器 I/O 端口输入应用

2.3.1 任务分析

【项目目的】

1. 掌握 CC2530 的 C 语言编程方法;
2. 掌握 CC2530 的 P0 口作为通用输入口的使用方法。

【项目要求】

1. 编程要求:编写一段 C 语言程序;
2. 实现功能:按下按键点亮一个 LED 灯;
3. 实验现象:按下基础实验板上的 key1 键,LED 灯 D1 亮;再次按下 key1 键,D1 灭。

2.3.2 支撑知识

一、项目原理

基础实验板上 CC2530 的 I/O 口可以获取输入状态。

基础实验板上按键部分的电路原理图如图 2-20 所示,其中 P0_3~P0_6 为 CC2530 的 P0 端口的 3 至 6 号引脚,所以只需要检测 P0_5 的输入状态,然后控制 D1 的亮灭即可。

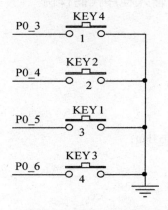

图 2-20 I/O 端口输入实验硬件连接图

CC2530 的 P0 口的输入方式是通过 P0DIR、P0SEL、P0INP 和 P2INP 等 4 个 8 位寄存器组合控制的,其中 P2INP 的高三位控制 I/O 端口的输入模式(上拉、下拉和三态)。I/O 口输入模式组合控制设置如表 2-04 所示。

表 2-04 I/O 端口的组合控制设置

P0INP	P0DIR	P0SEL	P2INP(第五位)	功能
0	0	0	0	上拉输入
0	0	0	1	下拉输入
1	0	0	X	三态输入

表中 P0INP 取值为 0 表示上/下拉输入,取值为 1 表示三态输入;P0DIR 取值为 0,表示 I/O 端口为输入模式;P0SEL 取值为 0,表示 I/O 端口为通用 I/O 口;P2INP 的第五位取值为 0 表示 P0 口为上拉输入,取值为 1 表示下拉输入。当 P0 端口工作在输入模式下时,P0 为信号输入端,采集外界的高低电平信号。

本实训中设置 P0 口为上拉输入模式,如表 2-05 所示。

表 2-05 设置 P0 口为上拉输入模式

位数 名称	7	6	5	4	3	2	1	0
P0INP	0	0	0	0	0	0	0	0
P0DIR	0	0	0	0	0	0	0	0
P0SEL	0	0	0	0	0	0	0	0
P2INP	0	0	0	0	0	0	0	0

二、微处理器 I/O 端口输入程序代码样例

```
#include "led.h"
#include "key.h"
void main(void)
{
  unsigned char key;
  static unsigned char key_flag;
  INIT_LED();
  INIT_KEY();
  for( ;; )
  {
    key = key_experiment();
    if(key == KEY_1)
    {
      key_flag = ! key_flag;
      key = 0;
```

```c
      }
    if(key_flag)
       LEDprintf(LED1,BYTE_5);
    else
       LEDprintf(0,BYTE_5);
  }
}
#include "led.h"
void INIT_LED(void)
{
  P1SEL &= ~0xFF;
  P1DIR |= 0xFF;
  P1 = 0;
}
void LEDprintf(unsigned char data,unsigned char byte)
{
  unsigned char bits = 0;
  unsigned char get_bit = 0x80;
  P1 |= byte;
  RCK = LOW;
  SRCK = LOW;
  for(bits = 8;bits > 0;bits --)
  {
    if(data & get_bit)
      SER = 1;
    else
      SER = 0;
    SRCK = HIGH;
    get_bit >>= 1;
    SRCK = LOW;
  }
  RCK = HIGH;
}
#include "key.h"
void INIT_KEY(void)
{
  P0SEL &= ~0x78;
  P0INP &= ~0x78;
```

```
    P0DIR &= ~0x78;
    P2INP &= ~0x20;
}
void delay(unsigned int time)
{
    while(time --);
}
unsigned char key_experiment(void)
{
    unsigned char key = 0;
    key = P0;
    delay(DELAY_TIME);
    delay(DELAY_TIME);
    key = P0;
    key &= 0x78;
    switch(key)
    {
        case 0x58 : delay(DELAY_TIME);
                    delay(DELAY_TIME);
                    key = P0;
                    if(key & 0x20)
                        return(KEY_1);
                    break;
        case 0x68 : delay(DELAY_TIME);
                    delay(DELAY_TIME);
                    key = P0;
                    if(key & 0x10)
                        return(KEY_2);
                    break;
        case 0x38 : delay(DELAY_TIME);
                    delay(DELAY_TIME);
                    key = P0;
                    if(key & 0x40)
                        return(KEY_3);
                    break;
        case 0x70 : delay(DELAY_TIME);
                    delay(DELAY_TIME);
                    key = P0;
```

```
                if(key & 0x08)
                    return(KEY_4);
                break;
        default: break;
    }
    return(0);
}
```

2.3.3 任务同步训练

本任务训练将通过检测基础实验板上按键 Key1(左起第一个按键)的输入状态,并根据检测结果控制 LED 灯 D1(右边最后一个 LED)的亮灭变化。

任务训练将使用实训平台上标有"协调器"的节点配合基础实验板来操作,首先确保协调器节点底板上的 J10 供电选择跳线帽连接到 3.3V。

1. 设备连接

将基础实验板插接到协调器节点的转接板接口上,如图 2-21 所示。

图 2-21 将基础实验板连接至协调器节点

将调试器一端使用 USB A-B 延长线连接至计算机的 USB 接口,另一端的 10pin 排线连接到实训平台左下角的调试接口,如图 2-22 所示。

将实训平台右上角的开关拨至"旋钮节点选择"一侧,如图 2-23 所示。

转动实训平台左下角的旋钮,使得协调器旁边的 LED 灯被点亮,如图 2-24 所示。

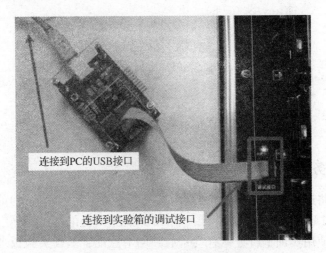

图 2-22 程序下载硬件连接图

图 2-23 选择节点调试控制模式

图 2-24 调整调试节点

2. 工程文件编辑与编译

在 IAR 集成开发环境平台上模拟样例程序编辑所需要工程文件,然后点击工具栏"Make"按钮,编译工程,如图 2-25 所示。

等待工程文件编译完成,确保编译没有错误,如图 2-26 所示。

项目二 微处理器通用I/O口读写

图 2-25 编译工程

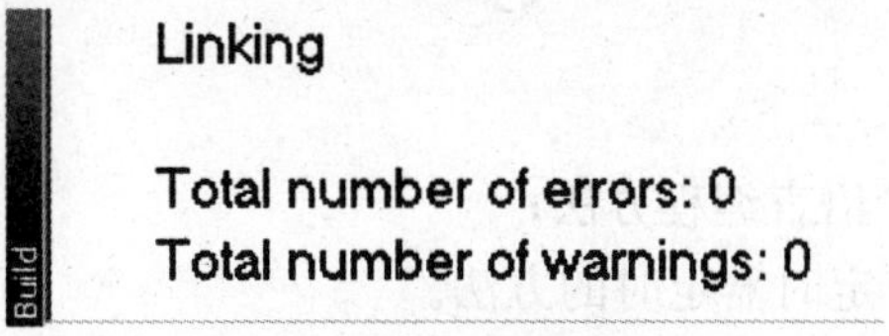

图 2-26 编译完成

3. 工程文件下载

在工程名称上点击鼠标右键,选择"Options"命令,并在弹出的对话框中选择左侧的"Debugger",然后在右侧的"Driver"列表中选择"Texas Instruments",如图 2-27 所示。

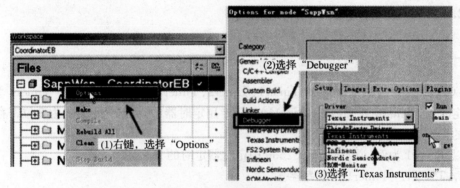

图 2-27 选择调试驱动

点击"Download and Debug"按钮,如图 2-28 所示。

图 2-28 下载并进入调试状态

等待程序全部下载后,点击"Go"按钮,使程序开始运行,如图 2-29 所示。

图 2-29 运行程序

在全速运行状态下,按基础实验板上的按键 Key1(左起第一个按键),将看到每按一次,板上的 D1(右边最后一个 LED)亮灭变化一次。

2.4 任务三:定时器计时应用

2.4.1 任务分析

【任务目的】

1. 掌握 CC2530 的 C 语言编程方法;
2. 掌握使用 CC2530 定时器定时的方法。

【任务要求】

1. 编程要求:C 语言程序编写与调试;
2. 实现功能:定时器控制 LED 灯闪烁;
3. 实验现象:基础实验板上的 LED 灯 D1 闪烁。

2.4.2 支撑知识

一、定时器计时简介

CC2530 含有四个定时器即 Timer1、Timer2、Timer3 和 Timer4,其中 Timer1 为 16 位的定时器,Timer2 为 ZigBee 协议 MAC 层专用定时器,Timer3、Timer4 为 8 位寄存器,它们的工作原理与 Timer1 相同。

以 Timer1 为例,说明使用 CC2530 中定时器定时的方法。

1. T1CTL—Timer1 配置寄存器

Timer1 的定时功能通过配置寄存器 T1CTL 来实现,如表 2-06 所示。

表 2-06 T1CTL 寄存器简介

位	名称	复位	读/写	描述
7:4	—	0000	—	保留
3:2	DIV[3:2]	00	R/W	分频器预设值,即定时计数器每增加一次所需的时间长度。 00 系统时钟频率/1 01 系统时钟频率/8 10 系统时钟频率/32 11 系统时钟频率/128
1:0	MODE[1:0]	00	R/W	Timer1 工作模式 00 停止工作 01 无阀值计数(计数器从 0x0000 增加到 0xFFFF 然后清零) 10 有阀值计数(计数器从 0x0000 增加到寄存器 T1CC0 内的值,然后清零) 11 增减计数(计数器从 0x0000 增加到寄存器 T1CC0 内的数值,然后再逐渐减少到 0x0000)

定时器的计时原理可用公式：$T=c*t$ 来描述。其中"T"为计时时间，"c"为计数器的数值，"t"为单位时间（由 DIV 所设置的时间）。现在配置定时器工作在无阀值计数模式，单位时间为"系统时钟频率/128"，所以寄存器 T1CTL 的值为 0x0D。

2. T1STAT - Timer1 状态寄存器

T1STAT 寄存器数据含义如表 2-07 所示。

表 2-07　定时器 1 状态寄存器

位	名称	复位	读/写	描述
7：6	—	0000	—	保留
5	OVFIF	0	R/W0	计数器溢出中断标志位。当计数器溢出时，该位置 1
4：0	—	—	—	未用到

二、定时器计时程序代码样例

```
#include "timer.h"
void main(void){
  init_timer_1();
  for( ; ; )
    glint_led(LED1);
}
#include "timer.h"
static unsigned int timer = 0;
void init_timer_1(void)
{
  T1CTL = 0x0d;
  INIT_LED();
}
void glint_led(unsigned char led)
{
  unsigned char glint = 0;
  if((T1STAT | 0x20) > 0)
  {
    T1STAT &= ~0x20;              //清溢出标志
    timer ++;
  }
  if(timer < GLINT_TIME)
  {
    glint |= led;
```

```c
      LEDprintf(glint,BYTE_5);
    }
    else
    {
      if(timer > 2 * GLINT_TIME)
      timer = 0;
      glint &= ~led;
      LEDprintf(glint,BYTE_5);
    }
}
#include "led.h"
void INIT_LED(void)
{
  P1SEL &= ~0xFF;
  P1DIR |= 0xFF;
  P1 = 0;
}
void LEDprintf(unsigned char data,unsigned char byte)
{
  unsigned char bits = 0;
  unsigned char get_bit = 0x80;
  P1 |= byte;
  RCK = LOW;
  SRCK = LOW;
  for(bits = 8;bits > 0;bits --)
  {
    if(data & get_bit)
      SER = 1;
    else
      SER = 0;
    SRCK = HIGH;
    get_bit >>= 1;
    SRCK = LOW;
  }
  RCK = HIGH;
}
```

2.4.3 任务同步训练

本任务训练使用实训平台上标有"协调器"的节点配合基础实验板来操作,首先确保协调器节点底板上的 J10 供电选择跳线帽连接到 3.3 V。

1. 硬件连接

将基础实验板插接到协调器节点的转接板接口上,如图 2-30 所示。

图 2-30 将基础实验板连接至协调器节点

将调试器一端使用 USB A-B 延长线连接至计算机的 USB 接口,另一端的 10pin 排线连接到实训平台左下角的调试接口,如图 2-31 所示。

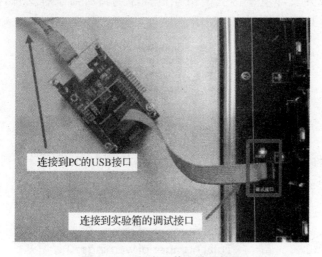

图 2-31 程序下载硬件连接图

将实训平台右上角的开关拨至"旋钮节点选择"一侧,如图 2-32 所示。

图 2-32 选择节点调试控制模式

转动实训平台左下角的旋钮,使得协调器旁边的 LED 灯被点亮,如图 2-33 所示。

图 2-33 调整调试节点

2. 工程文件编辑与编译

在 IAR 集成开发环境平台上模仿样例程序编辑所需工程文件,然后点击工具栏"Make"按钮编译工程,如图 2-34 所示。

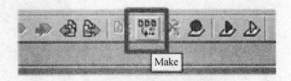

图 2-34 编译工程

等待工程文件编译完成,确保编译没有错误,如图 2-35 所示。

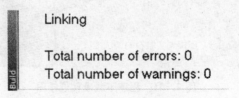

图 2-35 编译完成

3. 工程文件下载

在工程名称上点击鼠标右键,选择"Options"命令,并在弹出的对话框中选择左侧的"Debugger",然后在右侧的"Driver"列表中选择"Texas Instruments",如图 2-36 所示。

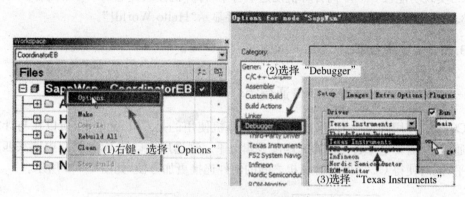

图 2-36 选择调试驱动

点击"Download and Debug"按钮,如图 2-37 所示。

图 2-37 下载并进入调试状态

等待程序全部下载后,点击"Go"按钮,使程序开始运行,如图 2-38 所示。

图 2-38 运行程序

在全速运行状态下,观察基础实验板上的 D1(右边最后一个 LED)以固定频率亮灭变化。

2.5 任务四:微处理器与计算机串口通信

3.5.1 任务分析

【任务目的】

1. 理解 CC2530 串口通信原理;
2. 掌握 CC2530 单片机与计算机串口通信的方法。

【任务要求】

1. 编程要求：编写一段 C 语言程序；
2. 实现功能：CC2530 向计算机发送字符串，计算机接收并显示字符串内容；
3. 实验现象：通过计算机的串口调试助手显示"Hello World!"。

3.5.2 支撑知识

一、CC2530 与计算机串口通信简介

CC2530 使用的电平为 TTL 电平，而计算机使用的是 CMOS 电平，所以在与计算机进行通信时，需要电平转换电路来匹配逻辑电平。现选用串口转 USB 接口电路来匹配逻辑电平，同时使得 CC2530 与计算机之间的硬件连接更加方便，如图 2-39 所示。

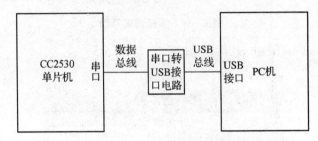

图 2-39　CC2530 单片机与 PC 机串口通信原理图

用于 CC2530 和计算机之间电平转换的是 SPCP825 芯片，主要电路原理图如图 2-40 所示。

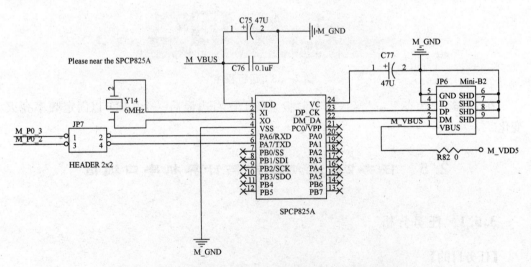

图 2-40　CC2530 单片机与 PC 机串口通信硬件连接图

图中"M_P0_3"、"M_P0_2"为 CC2530 的 UART0 接口，JP6 为计算机 USB 接口，芯片 SPCP825A 实现接口的转换。

二、CC2530 与计算机通信程序代码样例

```
#include "UART.h"
#include "Basic.h"
void main(void)
{
#define SENDSTRING "Hello World! \r\n"
    UART0_Init( BAUD_115200 );
    for( ; ; )
    {
        UART0_Send( SENDSTRING, sizeof(SENDSTRING)-1);
        SET_LED_D8;
        Delay(5);
        CLR_LED_D8;
        Delay( 120 );
    }
}
#include "UART.h"
/***************************************************************
**    函数名称：UART0_Init
**    实现功能：初始化 UART0
**    入口参数：baud:波特率设置；
**    返回结果：None
***************************************************************/
void UART0_Init(BaudSel baud)
{
    CLKCONCMD &= ~0X40;          //晶振
    while(!(SLEEPSTA & 0X40))
        ;                        //等待晶振稳定
    CLKCONCMD &= ~0X47;          //TICHSPD128 分频,CLKSPD 不分频
    SLEEPCMD |= 0X04;            //关闭不用的 RC 振荡器
    PERCFG = 0X00;               //位置 1 P0 口
    P0SEL |= 0X0C;               //P0 用作串口
    U0CSR |= 0X80;               //UART 方式
    switch(baud)
    {
        case BAUD_2400:     U0GCR |= 6;     U0BAUD |= 59;     break;
        case BAUD_4800:     U0GCR |= 7;     U0BAUD |= 59;     break;
```

```
          case BAUD_9600:      U0GCR |= 8;    U0BAUD |= 59;    break;
          case BAUD_14400:     U0GCR |= 8;    U0BAUD |= 216;   break;
          case BAUD_19200:     U0GCR |= 9;    U0BAUD |= 59;    break;
          case BAUD_28800:     U0GCR |= 9;    U0BAUD |= 216;   break;
          case BAUD_38400:     U0GCR |= 10;   U0BAUD |= 59;    break;
          case BAUD_57600:     U0GCR |= 10;   U0BAUD |= 216;   break;
          case BAUD_76800:     U0GCR |= 11;   U0BAUD |= 59;    break;
          case BAUD_115200:    U0GCR |= 11;   U0BAUD |= 216;   break;
          case BAUD_230400:    U0GCR |= 12;   U0BAUD |= 216;   break;
          default         :    U0GCR |= 11;   U0BAUD |= 216;   break;  //BAUD_115200;
      }
      UTX0IF = 0;
      U0CSR |= 0X40;         //允许接收
      IEN0 |= 0X84;          //开总中断,接收中断
  }
  /****************************************************************
  **    函数名称：UART0_Send
  **    实现功能：UART0 发送数据
  **    入口参数：Data:待发送数据区首地址
  **            len:待发送数据的字节数
  **    返回结果：None
  ****************************************************************/
  void UART0_Send(char * Data,int len)
  {
     int i;
     for(i=0;i<len;i++)
     {
        U0DBUF = *Data++;
        while(UTX0IF == 0)
           ;
        UTX0IF = 0;
     }
  }
  /****************************************************************
  **    函数名称：UART0_Dis_uNum
  **    实现功能：UART0 以十进制方式显示 uint16 型数据
  **    入口参数：uValue:需要显示的无符号型数据
```

** 返回结果：None
**/

```c
void UART0_Dis_uNum(uint16 uValue )
{
    uint8 i;
    char cData[5] = {'0','0','0','0','0'};
    cData[0] = uValue % 100000 / 10000 + '0';
    cData[1] = uValue % 10000 / 1000 + '0';
    cData[2] = uValue % 1000 / 100 + '0';
    cData[3] = uValue % 100 / 10 + '0';
    cData[4] = uValue % 10 / 1 + '0';
    if(0 != uValue )
    {
        for( i=0; i<5; i++)
        {
            if('0' != cData[i] )
                break;
            if('0' == cData[i] )
                cData[i] = ' ';
        }
    }
    else if(0 == uValue )
    {
        for( i=0; i<4; i++)
        {
            cData[i] = ' ';
        }
    }
    //数字和其他输出内容前后都有一个空格间距
    UART0_Send(" ", 1);
    UART0_Send(cData, 5);
    UART0_Send(" ", 1);
}
```

/***
** 函数名称：UART0_Dis_fNum
** 实现功能：UART0 以十进制方式显示 float 型数据
** 入口参数：fValue:需要显示的浮点型数据
** 返回结果：None

***/
```
void UART0_Dis_fNum(float fValue)
{
    uint16 uValue = (uint16)(100 * fValue);
    char cData[5] = {'0','0','.','0','0'};
    cData[0] = uValue % 10000 / 1000 + '0';
    cData[1] = uValue % 1000 / 100 + '0';
    cData[2] = '.';
    cData[3] = uValue % 100 / 10 + '0';
    cData[4] = uValue % 10 / 1 + '0';
    //数字和其他输出内容前后都有一个空格间距
    UART0_Send(" ", 1);
    UART0_Send(cData, 5);
    UART0_Send(" ", 1);
}
```
/***
**   函数名称：UART0_ISR
**   实现功能：UART0 接收中断处理函数
**   入口参数：None
**   返回结果：None
***/
```
#pragma vector = URX0_VECTOR
__interrupt void UART0_ISR(void)
{
//    static char temp[1];
//    temp[0] = U0DBUF;
//    UART0_Send(temp, 1);
    URX0IF = 0;                    //清中断标志
}
```

3.5.3 任务同步训练

本任务训练中 CC2530 通过串口向计算机发送字符串"Hello World!"，计算机接收到串口数据后通过串口调试助手直接将接收到的内容显示出来。

任务训练中使用实训平台上标有"协调器"的节点来观察现象。

1. 硬件连接

首先使用 Mini USB 延长线将协调器的 Mini USB 接口连接至计算机的 USB 接口，如图 2-41 所示。

项目二 微处理器通用 I/O 口读写

图 2-41 将协调器的串口连接至 PC 机

注意:如果是第一次使用,计算机会弹出发现新硬件的提示,安装配套驱动程序即可。

确保协调器节点扩展板上核心板下方的跳线已经跳上,如图 2-42 所示。

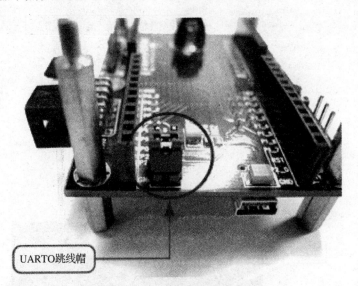

图 2-42 UART0 跳线帽位置说明

将调试器一端使用 USB A-B 延长线连接至计算机的 USB 接口,另一端的 10pin 排线连接到实训平台左下角的调试接口,如图 2-43 所示。

将实训平台右上角的开关拨至"旋钮节点选择"一侧,如图 2-44 所示。

转动实训平台左下角的旋钮,使得协调器旁边的 LED 灯被点亮,如图 2-45 所示。

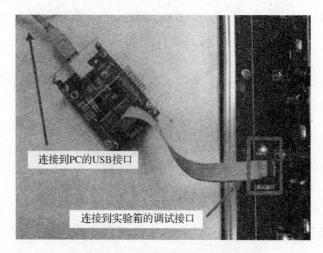

图 2-43 程序下载硬件连接图

图 2-44 选择节点调试控制模式

图 2-45 调整调试节点

2. 工程文件编辑与编译

在 IAR 集成开发环境平台上模仿样例程序编辑所需工程文件,点击工具栏"Make"按钮编译工程,如图 2-46 所示。

项目二 微处理器通用 I/O 口读写

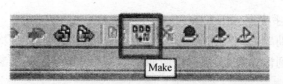

图 2-46 编译工程

等待工程文件编译完成,确保编译没有错误,如图 2-47 所示。

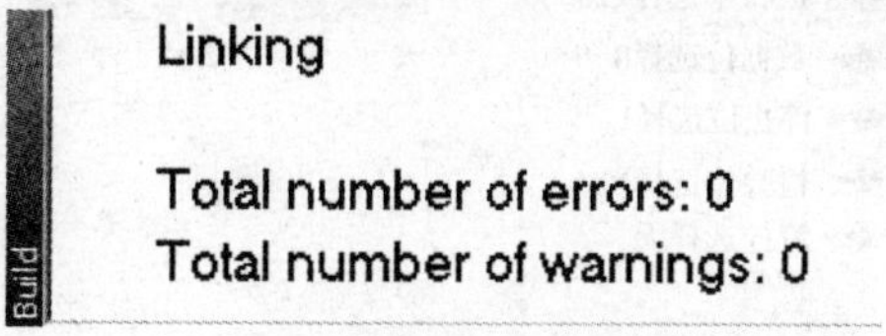

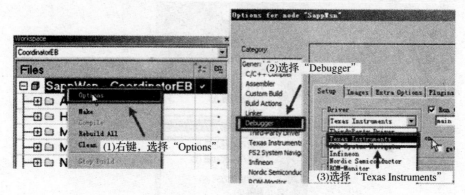

图 2-47 编译完成

3. 工程文件下载

在工程名称上点击鼠标右键,选择"Options"命令,并在弹出的对话框中选择左侧的"Debugger",然后在右侧的"Driver"列表中选择"Texas Instruments",如图 2-48 所示。

图 2-48 选择调试驱动

点击"Download and Debug"按钮,如图 2-49 所示。

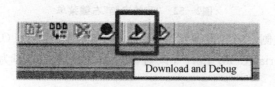

图 2-49 下载并进入调试状态

等待程序全部下载后,点击"Go"按钮,使程序开始运行,如图 2-50 所示。

图 2-50 运行程序

4. 串口调试助手安装

此实训需要借助串口调试助手软件观察结果,可以使用 LSCOMM 串口调试助手软件。把此软件安装到计算机上,然后按照如图 2-51 所示设置各项参数。

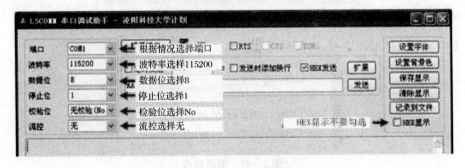

图 2-51 设置串口调试助手参数

注意:串口调试助手的端口号可以在"设备管理器"中查看。步骤如下:在"我的电脑"上点击鼠标的右键,选择"管理",如图 2-52 所示。

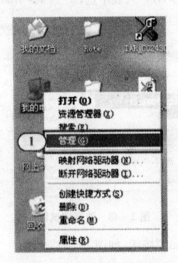

图 2-52 "我的电脑"右键菜单

在打开的窗口左侧,找到"设备管理器",并在右侧展开"端口(COM 和 LPT)",找到"Sunplus USB to Serial COM Port",该名称后面的"COMx"即为端口号,如图 2-53 所示。

项目二 微处理器通用 I/O 口读写

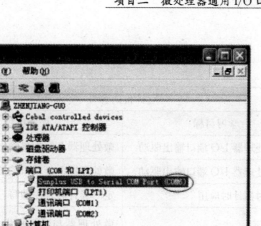

图 2-53 查看串口的编号

5. 查看结果信息

串口调试助手设置完毕后,点击"打开端口",在串口调试助手中查看 CC2530 发送过来的"Hello World!"字符串。

2.6 自主训练

一、实训项目

(1) 参照样例程序完成微处理器 I/O 端口输出、输入实训,要求改变 LED 灯亮的延迟时间。

(2) 参照样例程序完成定时器计时实训,要求改变 LED 灯闪烁频率。

(3) 参照样例程序完成微处理器与计算机串口通信实训,要求将显示内容改为"Program is running."。

二、理解与思考

(1) LED 是如何被点亮和熄灭的?
(2) 不同系统时钟如何转换?
(3) 程序查询与中断区别是什么?
(4) 同步通信与异步通信的原理各是什么?

三、自我评价

评价内容		评价			
学习目标	评价项目	优	良	中	差
熟悉微处理器 I/O 端口输出驱动	微处理器 I/O 端口输出驱动实现				
熟悉微处理器 I/O 端口输出驱动	微处理器 I/O 端口输出驱动实现				
熟悉定时器计时应用	定时器计时程序编写				
熟悉微处理器与计算机串口通信	微处理器与计算机串口通信驱动实现				

项目三 传感器技术与应用

拟实现的能力目标

N3.1 能够完成各种传感器驱动程序编写；
N3.2 能够完成各种传感器数据采集与显示；
N3.3 能够完成各种传感器节点硬件连接。

须掌握的知识内容

Z3.1 理解各种传感器原理；
Z3.2 理解传感器节点结构；
Z3.3 理解传感器驱动时序。

> 本单元包含7个学习任务：
> 任务1：气体传感器应用；
> 任务2：光照度传感器应用；
> 任务3：红外测距传感器应用；
> 任务4：语音传感器应用；
> 任务5：温湿度传感器应用；
> 任务6：执行节点控制器。

3.1 传感器概述

1. 传感器定义

国家标准（GB7665—2005）对传感器的定义是：能感受被测量并按照一定的规律转换成可用输出信号的器件或装置。也就是说传感器（英文名称：transducer/sensor）是一种检测装置，能感受到被测量的信息，并能将感受到的信息按一定规律变换成为电信号或其他所需形式的信息输出，以满足信息的传输、处理、存储、显示、记录和控制等要求。

2. 传感器的特点

微型化、数字化、智能化、多功能化、系统化、网络化。它是实现自动检测和自动控制的首要环节。

3. 传感器元件

通常根据传感器基本感知功能分为热敏元件、光敏元件、气敏元件、力敏元件、磁敏元件、湿敏元件、声敏元件、放射线敏感元件、色敏元件和味敏元件等十大类。

4. 传感器分类

根据输入物理量可分为位移传感器、压力传感器、速度传感器、温度传感器及气敏传感器等。

根据工作原理可分为电阻式、电感式、电容式及电势式等。

根据输出信号的性质可分为模拟式传感器和数字式传感器。即模拟式传感器输出模拟信号,数字式传感器输出数字信号。

根据能量转换原理可分为有源传感器和无源传感器。有源传感器将非电量转换为电能量,如电动势、电荷式传感器等;无源程序传感器不起能量转换作用,只是将被测非电量转换为电参数的量,如电阻式、电感式及电容式传感器等。

3.2 任务一:气体传感器应用

3.2.1 任务分析

【任务目的】
1. 理解气体传感器的工作原理;
2. 掌握单片机驱动气体传感器的方法。

【任务要求】
1. 编程要求:编写气体传感器的驱动程序;
2. 实现功能:检测室内的有害气体并输出标志位;
3. 实验现象:将检测到的数据通过串口调试助手显示。

3.2.2 支撑知识

一、气体传感器简介

气体传感器是气体检测系统的核心,通常安装在探测头内。从本质上讲,气体传感器是一种将某种气体体积分数转化成对应电信号的转换器。探测头通过气体传感器对气体样品进行处理,通常包括滤除杂质和干扰气体、干燥或制冷处理、样品抽吸,甚至对样品进行化学处理,以便化学传感器进行更快速的测量。

二、气体传感器分类

气体传感器通常以气敏特性来分类,主要可分为半导体型气体传感器、电化学型气体传感器、固体电解质气体传感器、接触燃烧式气体传感器、光化学型气体传感器、高分子气体传感器等。

半导体气体传感器是采用金属氧化物或金属半导体氧化物材料做成的元件,与气体相互作用时产生表面吸附或反应,引起以载流子运动为特征的电导率或伏安特性或表面电位变化。这些都是由材料的半导体性质决定的,如图3-01所示。

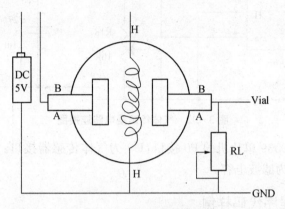

图3-01 气体传感器原理图

半导体气体传感器根据其气敏机制可以分为电阻式和非电阻式两种。实训平台上的电阻式半导体气体传感器MQ-6,主要是指半导体金属氧化物陶瓷气体传感器,是一种用金属氧化物薄膜(例如:SnO_2,ZnO Fe_2O_3,TiO_2等)制成的阻抗器件,其电阻随着气体含量不同而变化。气味分子在薄膜表面进行还原反应以引起传感器传导率的变化。为了消除气味分子还必须发生一次氧化反应,传感器内的加热器有助于氧化反应进程。它具有成本低廉、制造简单、灵敏度高、响应速度快、寿命长、对湿度敏感低和电路简单等优点。

三、气体传感器MQ-6灵敏度特性

表3-01 MQ-6灵敏度特性

符号	参数名称	技术参数	备注
Rs	敏感体电阻	10—60 kΩ	
α (1 000ppm/4 000ppm LNG)	浓度斜率	≤0.6	探测范围:100—1 000 ppm 检测目标:LPG、丁烷、丙烷、LNG
标准工作条件	温度:20℃±2℃ V_c:5.0 V±0.1 V 相对湿度:65%±5% V_h:5.0 V±0.1 V		
预热时间	不少于24小时		

四、MQ-6电路

气体传感器MQ-6和CC2530节点电路如图3-02所示。

当检测到气体时,气体传感器MQ-6的电导率会发生变化,通过调节滑动电阻器(R18)的阻值调配适当的输出电压,以便单片机CC2530检测输出信号,做出相应的判断。

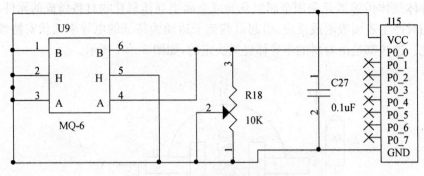

图 3-02　气体传感器电路连接图

图中 J15 为 CC2530 单片机的 P0 接口，U9 为气体传感器接口。气体传感器的 6 引脚为输出引脚，C27 为滤波电容。

五、MQ-6 程序代码样例

```
#include "Basic.h"
#include "UART.h"
void main(void)
{
    uint8 SensorValue;
    //LED 灯(D8 D9)端口初始化
    LEDPortInit();
    //UART0 初始化
    UART0_Init( BAUD_115200 );
    //传感器端口(P0_0)初始化
    SetIOInput(0,0);
    for( ; ; )
    {
        //读取传感器值
        SensorValue = GetIOLevel( 0, 0 );
        //显示结果
        UART0_Send( "Gas Sensor:", sizeof("Gas Sensor:")-1 );
        UART0_Dis_uNum(SensorValue);
        if(0 == SensorValue)
            UART0_Send( "Safe", sizeof("Safe")-1 );
        else if(1 == SensorValue)
            UART0_Send( "Alarm!", sizeof("Alarm!")-1 );
        UART0_Send( "\r\n", sizeof("\r\n")-1 );
        //运行时 LED 指示灯闪烁
```

```
    SET_LED_D8;
    Delay(5);
    CLR_LED_D8;
    Delay(120);
  }
}
```

3.2.3 任务同步训练

本任务训练使用标有"气体传感器节点"的节点完成操作。

1. 设备连接

使用 Mini USB 延长线将气体传感器节点底板的 Mini USB 接口连接至计算机的 USB 接口,如图 3-03 所示。

图 3-03 气体传感器节点的串口连接至 PC 机

将调试器一端使用 USB A-B 延长线连接至计算机的 USB 接口,另一端的 10pin 排线连接到实训平台左下角的调试接口,如图 3-04 所示。

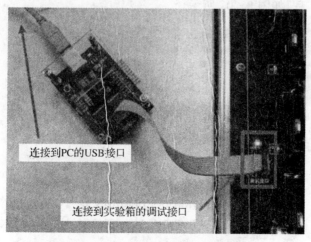

图 3-04 程序下载硬件连接图

将实训平台右上角的开关拨至“旋钮选择节点”一侧，如图 3－05 所示。

拨至此位置表示“旋钮选择节点”

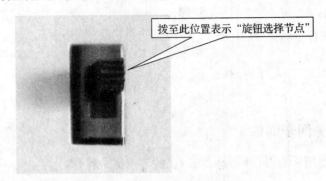

图 3－05　选择节点调试控制模式

转动实训平台左下角的旋钮，使得气体传感器节点旁边的节点指示灯被点亮，如图 3－06所示。

节点指示灯

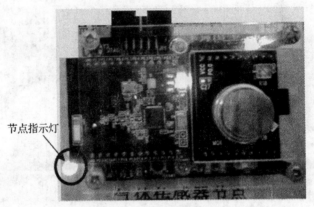

图 3－06　调整调试节点

2. 工程文件编辑与编译

在 IAR 集成开发环境平台上模仿样例程序编辑所需要工程文件，点击工具栏的“Make”按钮编译工程，如图 3－07 所示。

Make

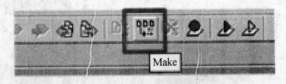

图 3－07　编译工程

等待工程文件编译完成，确保编译没有错误，如图 3－08 所示。

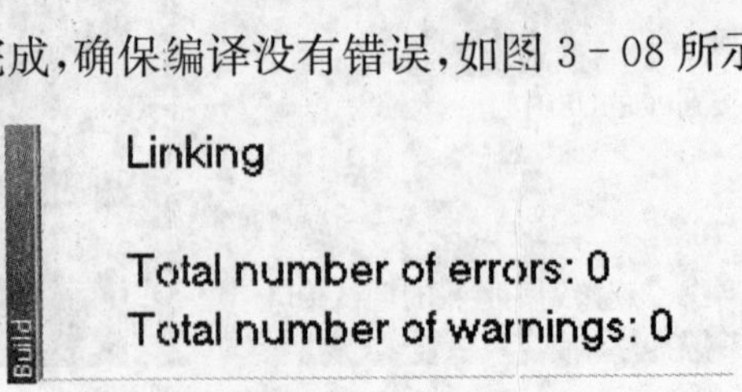

Linking
Total number of errors: 0
Total number of warnings: 0
Build

图 3－08　编译完成

3. 工程文件下载

在工程名称上点击鼠标右键,选择"Options"命令,并在弹出的对话框中选择左侧的"Debugger",然后在右侧的"Driver"列表中选择"Texas Instruments",如图 3-09 所示。

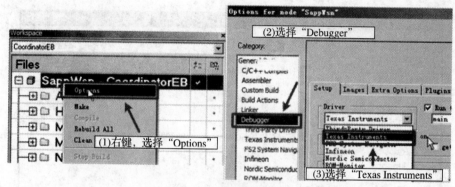

图 3-09 选择调试驱动

点击"Download and Debug"按钮,如图 3-10 所示。

图 3-10 下载并进入调试状态

等待程序全部下载到气体传感器节点的 CC2530 后,点击"Go"按钮,使程序开始运行,如图 3-11 所示。

图 3-11 运行程序

4. 串口调试助手安装

本任务训练需要借助串口调试助手软件观察结果,可以使用 LSCOMM 串口调试助手软件。把此软件安装到计算机上,然后按照如图 3-12 所示设置各项参数。

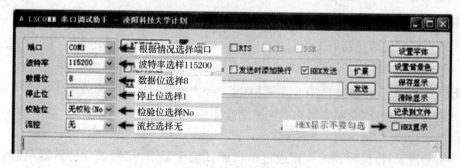

图 3-12 设置串口调试助手参数

5. 气体传感器信息查看

串口调试助手设置完毕后,点击"打开端口",在串口调试助手中查看 CC2530 发送过来的气体传感器的信息,如图 3-13 所示。

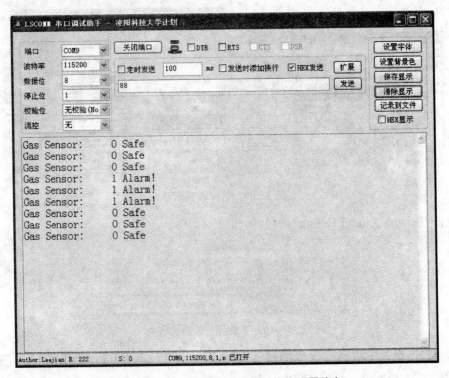

图 3-13 串口调试助手中的气体传感器信息

气体传感器可以用于检测 LPG、丁烷、丙烷、LNG 这些可燃气体(液化气体打火机里面的气体即可)。

3.3 任务二:光照度传感器应用

3.3.1 任务分析

【任务目的】

1. 理解光照度传感器的工作原理;
2. 掌握驱动光照度传感器的方法。

【任务要求】

1. 编程要求:编写光照度传感器的驱动程序;
2. 实现功能:检测室内的光照度;
3. 实验现象:将检测到的数据通过串口调试助手显示,用手遮住传感器,观察数据变化。

3.3.2 支撑知识

一、光敏电阻工作原理简介

光照度传感器可以采用光敏电阻来采集光照度信息。光敏电阻工作原理基于光电效应。

在半导体光敏材料两端装上电极引线,将其封装在带有透明窗的管壳里就构成光敏电阻。为了增加灵敏度,两电极常做成梳状。构成光敏电阻的材料有金属的硫化物、硒化物、碲化物等半导体。

半导体的导电能力取决于半导体导带内载流子数目的多少。当光敏电阻受到光照时,价带中的电子吸收光子能量后跃迁到导带,成为自由电子,同时产生空穴,电子—空穴对的出现使电阻率变小。光照愈强,光生电子—空穴对就越多,阻值就愈低。当光敏电阻两端加上电压后,流过光敏电阻的电流随光照增大而增大。入射光消失,电子—空穴对逐渐复合,电阻也逐渐恢复原值,电流也逐渐减小。如图3-14所示。

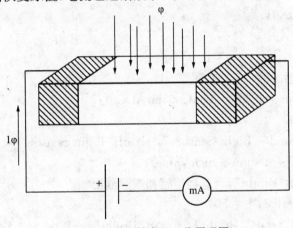

图3-14 光敏电阻工作原理图

二、光照度传感器电路

光照度传感器和CC2530节点电路连接如图3-15所示。

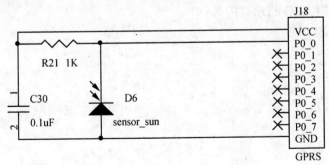

图3-15 光照度传感器电路连接图

图中 J18 为 CC2530 单片机的 P0 接口,D8 为光照度传感器接口。C30 为滤波电容,R21 为分压电阻。

三、光照度传感器程序代码样例

```c
#include "Basic.h"
#include "UART.h"
void main(void)
{
  uint8 SensorValue;
  //LED 灯(D8 D9)端口初始化
  LEDPortInit();
  //UART0 初始化
  UART0_Init( BAUD_115200 );
  //传感器端口(P0_0)初始化
  P0SEL |= 0X01;
  for( ; ; )
  {
    //读取传感器值
    SensorValue = 127 - GetCh08bitADC();
    //显示结果
    UART0_Send( "Light Sensor:", sizeof("Light Sensor:")-1 );
    UART0_Dis_uNum(SensorValue);
    //如果提示"Bright",请遮挡传感器观察输出
    if(SensorValue >= 50)
       UART0_Send( "Bright", sizeof("Bright")-1 );
    //如果提示"Dark",请用强光照射传感器观察输出
    else if(SensorValue < 50)
       UART0_Send( "Dark!", sizeof("Dark!")-1 );
    UART0_Send( "\r\n", sizeof("\r\n")-1 );
    //运行时 LED 指示灯闪烁
    SET_LED_D8;
    Delay(5);
    CLR_LED_D8;
    Delay(120);
  }
}
```

3.3.3 任务同步训练

本任务训练使用标有"光照度传感器节点"的节点完成操作。

1. 设备连接

使用 Mini USB 延长线将光照度传感器节点底板的 Mini USB 接口连接至计算机的 USB 接口,如图 3-16 所示。

图 3-16 光照度传感器节点的串口连接至 PC 机

将调试器一端使用 USB A-B 延长线连接至计算机的 USB 接口,另一端的 10pin 排线连接到实训平台左下角的调试接口,如图 3-17 所示。

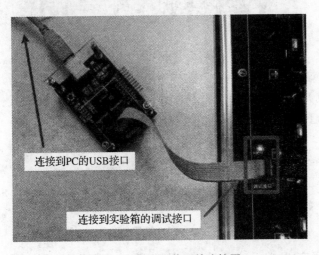

图 3-17 程序下载硬件连接图

将实训平台右上角的开关拨至"旋钮节点选择"一侧,如图 3-18 所示。

转动实训平台左下角的旋钮,使得光照度传感器节点旁边的节点指示灯被点亮,如图 3-19 所示。

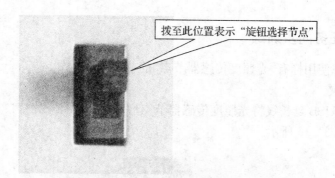

拨至此位置表示“旋钮选择节点”

图 3-18　选择节点调试控制模式

节点指示灯
Sun_Sen

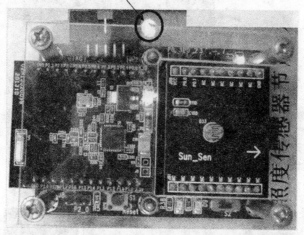

图 3-19　调整调试节点

2. 工程文件编辑与编译

在 IAR 集成开发环境平台上模仿样例程序编辑所需要工程文件，点击工具栏的“Make”按钮编译工程，如图 3-20 所示。

Make

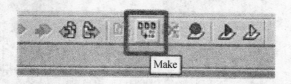

图 3-20　编译工程

等待工程编译完成，确保编译没有错误，如图 3-21 所示。

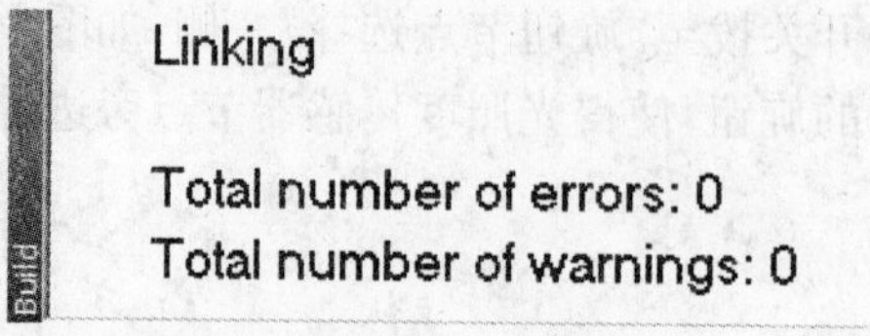

Linking
Total number of errors: 0
Total number of warnings: 0
Build

图 3-21　编译完成

3. 工程文件下载

在工程名称上点击鼠标右键,选择"Options",并在弹出的对话框中选择左侧的"Debugger",然后在右侧的"Driver"列表中选择"Texas Instruments",如图 3-22 所示。

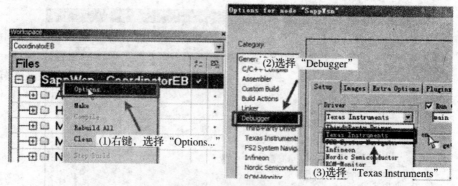

图 3-22 选择调试驱动

点击"Download and Debug"按钮,如图 3-23 所示。

图 3-23 下载并进入调试状态

等待程序全部下载到光照度传感器节点的 CC2530 后,点击"Go"按钮,使程序开始运行,如图 3-24 所示。

图 3-24 运行程序

4. 串口调试助手安装

本任务训练需要借助串口调试助手软件观察结果,可以使用 LSCOMM 串口调试助手软件。把此软件安装到计算机上,然后按照如图 3-25 所示设置各项参数。

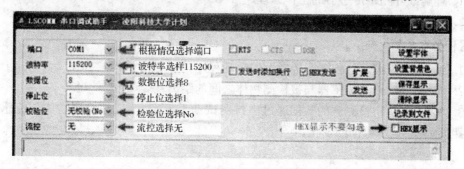

图 3-25 设置串口调试助手参数

5. 查看光照度传感器信息

串口调试助手设置完毕后,点击"打开端口",在串口调试助手中查看 CC2530 发送过来的光照度传感器的信息,如图 3-26 所示。

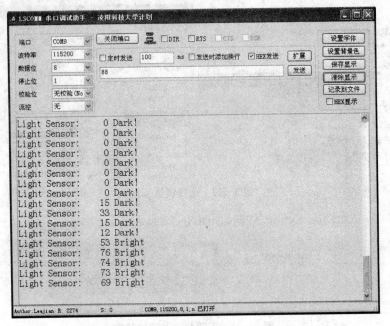

图 3-26 串口调试助手中的光照度传感器信息

光照度传感器可以检测周围环境的光照强度(明暗程度),可以通过使用手电筒或其他光源照射光照度传感器的方式来测试。

3.4 任务三:红外测距传感器应用

3.4.1 任务分析

【任务目的】

1. 理解红外测距传感器的工作原理;
2. 掌握红外测距传感器的使用方法。

【任务要求】

1. 编程要求:编写红外测距传感器的驱动程序;
2. 实现功能:检测传感器与被检测物体之间的距离;
3. 实验现象:将检测到的数据通过串口调试助手显示,改变被检测物体与传感器之间的距离,观察显示数据的变化。

3.4.2 支撑知识

一、红外测距传感器工作原理

红外测距传感器可以基于三角测量原理,它由红外线发射器、CCD 检测器组成。

红外线发射器按照一定的角度发射红外光束,当遇到物体以后光束会反射回来,反射回来的红外光线被 CCD 检测器检测到以后,会获得一个偏移值 L。利用三角关系,在知道了反射角 α、偏移距 L、中心距 X 以及滤镜的焦距 f 以后,传感器到物体之间的距离 D 就可以通过几何关系算出来,最后将距离变量转换成电压变量输出,如图 3-27 所示。

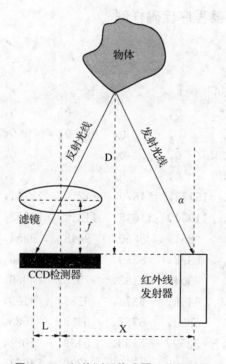

图 3-27 红外测距传感器工作原理图

注:有些红外测距传感器输出是非线性的,在实际使用时用户需自己确定距离变量与电压变量之间的非线性对应关系。

二、红外测距传感器电路

红外测距传感器和 CC2530 节点电路连接如图 3-28 所示。

图中 J28 为 CC2530 单片机的 P0 接口,J29 为红外测距传感器的接口。S8_VO 为传感器的输出引脚,S8_GND 和 S8_VCC 为传感器的电源引脚。

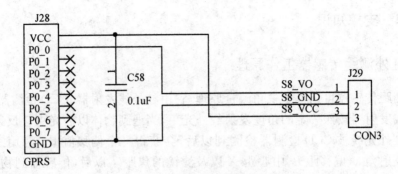

图 3-28 红外测距传感器电路连接图

三、红外测距传感器程序代码样例

```
#include "Basic.h"
#include "UART.h"
uint16 irDistTab[256] = {
    0,     0,     0,     0,     0,     0,     0,     0,
    0,     0,     0,     0,     0,     0,     0,     0,
    0,     0,     0,     0,     0,     0,     0,     0,
    0,     0,     0,     0,     0,     0,     0,     0,
    0,     0, 15173, 14679, 14216, 13781, 13372, 12987,
12623, 12279, 11954, 11645, 11352, 11073, 10807, 10554,
10313, 10082,  9861,  9650,  9448,  9254,  9068,  8889,
 8717,  8552,  8392,  8239,  8091,  7948,  7811,  7678,
 7549,  7425,  7304,  7188,  7075,  6966,  6860,  6757,
 6657,  6560,  6466,  6375,  6286,  6199,  6115,  6033,
 5953,  5876,  5800,  5727,  5655,  5585,  5516,  5450,
 5384,  5321,  5259,  5198,  5139,  5081,  5024,  4969,
 4915,  4862,  4810,  4759,  4709,  4661,  4613,  4566,
 4520,  4475,  4431,  4388,  4346,  4304,  4264,  4224,
 4185,  4146,  4108,  4071,  4035,  3999,  3964,  3929,
 3895,  3862,  3829,  3797,  3765,  3734,  3703,  3673,
 3643,  3614,  3585,  3557,  3529,  3502,  3475,  3448,
 3422,  3396,  3371,  3346,  3321,  3297,  3273,  3249,
 3226,  3203,  3180,  3158,  3136,  3114,  3093,  3072,
 3051,  3031,  3010,  2983,  2947,  2912,  2878,  2844,
 2811,  2780,  2748,  2718,  2688,  2659,  2630,  2602,
 2575,  2548,  2522,  2496,  2471,  2446,  2422,  2398,
 2375,  2352,  2329,  2308,  2286,  2265,  2244,  2224,
```

```
    2204,   2184,   2165,   2146,   2127,   2109,   2091,   2073,
    2055,   2038,   2021,   2005,   1974,   1937,   1901,   1866,
    1833,   1801,   1770,   1740,   1711,   1683,   1656,   1630,
    1605,   1580,   1556,   1533,   1510,   1489,      0,      0,
       0,      0,      0,      0,      0,      0,      0,      0,
       0,      0,      0,      0,      0,      0,      0,      0,
       0,      0,      0,      0,      0,      0,      0,      0,
       0,      0,      0,      0,      0,      0,      0,      0,
       0,      0,      0,      0,      0,      0,      0,      0,
};
void main(void)
{
    uint8 SensorValue;
    uint16 Dist_cm;
    //LED 灯(D8 D9)端口初始化
    LEDPortInit();
    //UART0 初始化
    UART0_Init( BAUD_115200 );
    //传感器端口(P0_0)初始化
    P0SEL |= 0X01;
    for( ; ; )
    {
        //读取传感器值
        SensorValue = GetCh08bitADC();
        Dist_cm = irDistTab[SensorValue] >> 1;
        //显示结果
        UART0_Send( "IR Distance Sensor Value:", sizeof("IR Distance Sensor Value:")-1 );
        UART0_Dis_uNum(SensorValue);
        UART0_Dis_fNum((float)Dist_cm * 0.01);
        UART0_Send( "cm\t\r\n", sizeof("cm\t\r\n")-1 );
        //该传感器输出值和实际距离不是线性关系,
        //所以可能和实际值有所差别,请根据自己需求调整
        //运行时 LED 指示灯闪烁
        SET_LED_D8;
        Delay(5);
        CLR_LED_D8;
        Delay(120);
```

}
　}

3.4.3 任务同步训练

本任务训练使用标有"红外测距传感器节点"的节点完成操作。

1. 设备连接

使用 Mini USB 延长线将红外测距传感器节点底板的 Mini USB 接口连接至计算机的 USB 接口,如图 3-29 所示。

图 3-29 红外测距传感器节点的串口连接至 PC 机

将调试器一端使用 USB A-B 延长线连接至计算机的 USB 接口,另一端的 10pin 排线连接到实训平台左下角的调试接口,如图 3-30 所示。

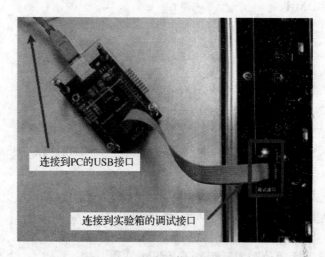

图 3-30 程序下载硬件连接图

将实训平台右上角的开关拨至"旋钮节点选择"一侧,如图 3-31 所示。

转动实训平台左下角的旋钮,使得红外测距传感器节点旁边的节点指示灯被点亮,如图 3-32 所示。

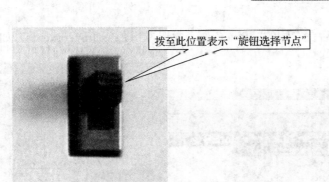

图 3-31 选择节点调试控制模式

图 3-32 调整调试节点

2. 工程文件编辑与编译

在 IAR 集成开发环境平台上模仿样例程序编辑所需要工程文件,点击工具栏的"Make"按钮编译工程,如图 3-33 所示。

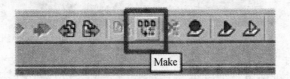

图 3-33 编译工程

等待工程文件编译完成,确保编译没有错误,如图 3-34 所示。

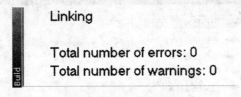

图 3-34 编译完成

3. 工程文件下载

在工程名称上点击鼠标右键,选择"Options"命令,并在弹出的对话框选择左侧的

"Debugger",然后在右侧的"Driver"列表中选择"Texas Instruments",如图 3-35 所示。

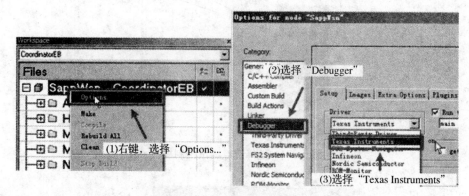

图 3-35　选择调试驱动

点击"Download and Debug"按钮,如图 3-36 所示。

图 3-36　下载并进入调试状态

等待程序全部下载到红外测距传感器的 CC2530 后,点击"Go"按钮,使程序开始运行,如图 3-37 所示。

图 3-37　运行程序

4. 串口调试助手安装

本任务训练需要借助串口调试助手软件观察结果,可以使用 LSCOMM 串口调试助手软件。把此软件安装到计算机上,然后按照如图 3-38 所示设置各项参数。

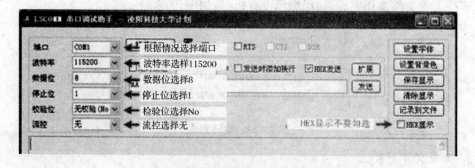

图 3-38　设置串口调试助手参数

5. 查看红外测距传感器信息

串口调试助手设置完毕后,点击"打开端口",在串口调试助手中查看CC2530发送过来的红外测距传感器的信息,如图3-39所示。

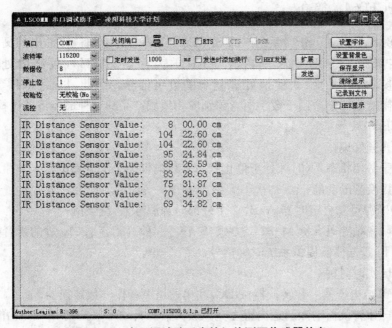

图3-39 串口调试助手中的红外测距传感器信息

红外测距传感器可以用于检测传感器和它正前方的物体之间的距离,检测结果随传感器和它前面物体之间的距离变化而变化。

3.5 任务四:语音传感器应用

3.5.1 任务分析

【任务目的】
1. 理解凌阳SPCE061A语音采集的原理;
2. 掌握CC2530单片机与SPCE061A单片机串口通信的方法。

【任务要求】
1. 编程要求:编写CC2530单片机与SPCE061A单片机串口通信的程序;
2. 实现功能:语音检测功能;
3. 实验现象:通过D9 LED灯来显示检测到的语音识别结果,识别成功后令D9闪烁,否则熄灭。

3.5.2 支撑知识

凌阳SPCE061A单片机可以实现语音传感器的功能,即用SPCE061A单片机来采集特定的语音(人说话的声音、玻璃破碎的声音等),然后通过串口方式发送语音标志。

一、SPCE061A 简介

SPCE061A 是继 μ'nSP™ 系列产品 SPCE500A 等之后凌阳科技推出的又一款 16 位结构的微控制器。SPCE061A 里内嵌 64KB 的闪存(FLASH),较高的处理速度使 μ'nSP™ 能够非常容易地、快速地处理复杂的数字信号。因此,以 μ'nSP™ 为核心的 SPCE061A 微控制器是适用于数字语音识别应用领域产品的一种最经济的选择。

1. SPCE061A 性能

可编程音频处理;
系统处于备用状态下(时钟处于停止状态),耗电仅为 $2\mu A@3.6\,V$;
具备触键唤醒的功能;
14 个中断源可来自定时器 A/B,2 个外部时钟源输入,键唤醒;
使用凌阳音频编码 SACM_S240 方式(2.4K 位/秒),能容纳 210 秒的语音数据;
锁相环 PLL 振荡器提供系统时钟信号;
32768Hz 实时时钟;
7 通道 10 位电压模—数转换器(ADC)和单通道声音模—数转换器;
声音模—数转换器输入通道内置麦克风放大器和自动增益控制(AGC)功能;
具备串行设备接口;
具有低电压复位(LVR)功能和低电压监测(LVD)功能;
内置在线仿真电路 ICE(In-Circuit Emulator)接口;
具有保密能力;
具有 WatchDog 功能。

2. SPCE061A 构成

16 位 μ'nSP™ 微处理器;
工作电压(CPU) VDD 为 2.4~3.6 V (I/O) VDDH 为 2.4~5.5 V;
CPU 时钟:0.32MHz~49.152MHz;
内置 2KB SRAM;
内置 32KB FLASH;
晶体振荡器;
2 个 16 位可编程定时器/计数器(可自动预置初始计数值);
2 个 10 位 DAC(数—模转换)输出通道;
32 位通用可编程输入/输出端口。
SPCE061A 的结构如图 3-40 所示。

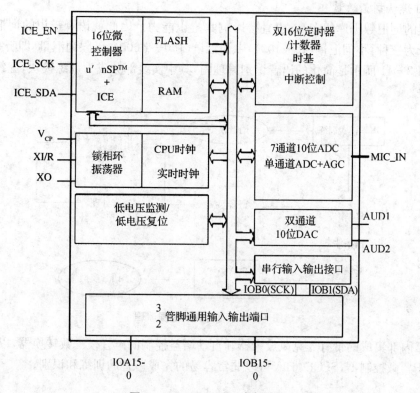

图 3-40　SPCE061A 内部结构

二、语音辨识技术简介

语音辨识技术有三大研究范围:口音独立、连续语音及可辨认字词数量。

1. 口音独立

早期只能辨认特定的使用者即特定语者(Speaker Dependent,SD)模式,使用者可针对特定语者辨认词汇(可由使用者自行定义,如人名声控拨号),作简单快速的训练纪录使用者的声音特性来加以辨认。

随着技术的成熟,进入语音适应阶段 SA(speaker adaptation),使用者只要对于语音辨识核心,经过一段时间的口音训练后,即可拥有不错的辨识率。

非特定语者模式(Speaker Independent,SI),使用者无需训练即可使用,并进行辨认。任何人皆可随时使用此技术,不限定语者即男性、女性、小孩、老人皆可。

2. 连续语音

单字音辨认为了确保每个字音可以正确地切割出来,必须一个字一个字分开来念,非常不自然,与我们平常说话的连续方式,还是有点不同。

整个句子辨识只要按照你正常说话的速度,直接将要表达的说出来,中间并不需要停顿,这种方式是最直接最自然的,难度也最高,现阶段连续语音的辨识率及正确率,虽然效果还不错但仍需再提高。然而,中文字有太多的同音字,因此目前所有的中文语音辨识系统,几乎都是以词为依据,来判断正确的同音字。

3. 可辨认词汇数量

内建的词汇数据库的多寡,也直接影响其辨识能力。因此就语音辨识的词汇数量来说亦可分为三种:小词汇量(10—100)、中词汇量(100—1 000)、无限词汇量(即听写机)。

如图 3-41 所示是简化的语音识别原理图,其中实线部分成为训练模块,虚线部分为识别模块。

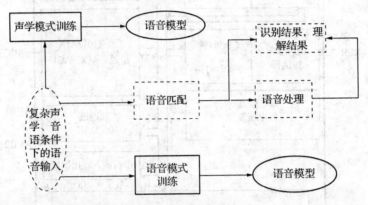

图 3-41 语音辨识过程原理

依靠内部集成的带有麦克风放大器和自动增益控制的声音模—数转换器,以及 16 位的 μ'nSP™ 微控制器,SPCE061A 可以非常容易的完成声音的训练和识别。

三、SPCE061A 单片机语音识别训练

如图 3-42 所示,一个以 SPCE061A 为核心的 61 板和 CC2530 连接,构成一个语音识别节点,形成语音传感器。

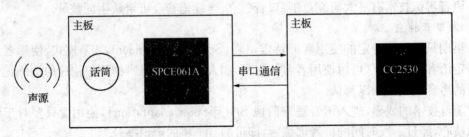

图 3-42 语音传感器连接示意图

SPCE061A 单片机内部已经烧好用于特定人语音识别的程序,在实际应用程时应当首先进行训练,方法如下:

(1) 检查 61 板的 J20 跳线,使用跳线帽将靠近芯片一侧的两个排针短接,如图 3-43 中的①所示;

(2) 检查 61 板的 J25 跳线,使用跳线帽将外侧的两个排针短接,如图 3-43 中的②所示;

(3) 将喇叭插接到 61 板的麦克风左侧的 Speaker 插针上(没有正反);

(4) 按住 61 板上的 S4 键不要松开;

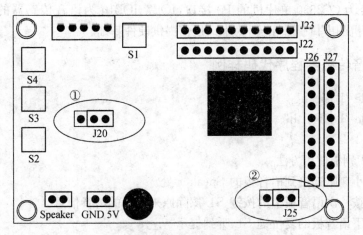

图 3-43　61 板跳线设置示意图

（5）按一下白色插座旁边的 S1 键并松开；

（6）松开 S4 键。

此时，应该可以听到喇叭中发出"咿咿"的声音，此时，对着麦克风说一个任意的短语（长度不要超过 1.5 秒），这时应该可以听到喇叭中发出"喔"的声音，然后对着麦克风重复一次刚刚的短语；此时应该可以听到喇叭中发出"OK,Let's go"的声音，表示训练结束。

在训练过程中，如果训练过程中听到"喔咿"的声音，表示训练失败，应对着麦克风重复短语。一旦训练完成，被训练者所说的短语将被保存起来，掉电不会丢失。此时，系统进入识别状态，另外 61 板复位后（按一下 S1 键），也会立即进入识别状态。如需重新训练，可以重复上面的步骤。

在训练状态下，当被训练者发出训练时的短语时，61 板识别到该短语，将通过 UART 接口发出一个字节：0xAA，表示识别成功，否则，UART 接口不会有任何反应。

四、语音传感器电路

语音模块和 CC2530 节点电路连接如图 3-44 所示。

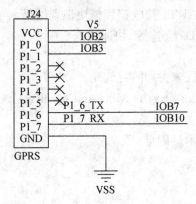

图 3-44　语音传感器电路连接图

图中 J24 为 CC2530 单片机的 P0 接口，IOB7、IOB10 为语音传感器的串口，分别与 CC2530 单片机的串口引脚相连，为串口通信提供硬件基础。

五、语音传感器程序代码样例

```
#include "Basic.h"
#include "UART.h"
/*
    语音识别板使用方法：
    1. 将小喇叭连接到语音板的 Speaker 处。
    2. 短按一次语音板上的按键 S4.擦除原来记录的语音信息。
    3. 按下语音板的复位键 S1.听到提示"yi_yi"。
    4. 对着语音板上的麦克说一个词语，听到提示"hoo……"。
    5. 继续重复刚才说出的词语，直到听到提示"OK, Let's go!"
       说明录入的语音信息已被成功保存。
    6. 对着麦克重复录入的词语，识别成功后 LED_D9 连续快速闪烁 5 次。
    7. 想要录入新的语音，重复上述步骤即可。
*/
void main(void)
{
    //UART 初始化
    UART0_Init( BAUD_115200, Position_1 );
    UART1_Init( BAUD_9600, Position_2 );
    //LED 灯(D8 D9)端口初始化
    LED_D8_D9_PortInit();
    for( ; ; )
    {
        /*
        语音识别，通过 UART1 接收识别模块识别结果。
        正确识别后 LED_D9 会连续、快速闪烁 5 次
        */
        //提示靠近麦克风(咪头)并讲话。
        UART0_Send("Close to the Mike and speak\r\n", sizeof("Close to the Mike and speak\r\n")-1 );
        //运行时 LED 指示灯闪烁
        LED_D8_ON;
        delay_10 ms(5);
        LED_D8_OFF;
        delay_10 ms(100);
```

        }
    }

3.5.3 任务同步训练

本任务训练使用标有"语音传感器节点"的节点完成操作。

1. 设备连接

使用 Mini USB 延长线将语言传感器节点底板的 Mini USB 接口连接至计算机的 USB 接口,如图 3-45 所示。

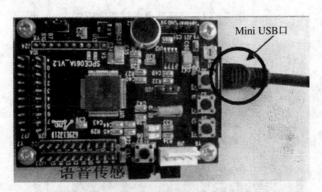

图 3-45 语音传感器节点的串口连接至 PC 机

将调试器一端使用 USB A-B 延长线连接至计算机的 USB 接口,另一端的 10pin 排线连接到实训平台左下角的调试接口,如图 3-46 所示。

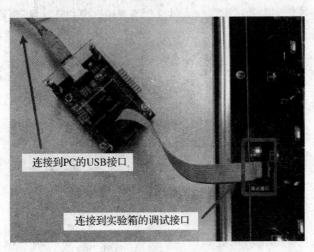

图 3-46 程序下载硬件连接图

将实训平台右上角的开关拨至"旋钮节点选择"一侧,如图 3-47 所示。

转动实训平台左下角的旋钮,使得语音传感器节点旁边的 LED 灯被点亮,如图 3-48 所示。

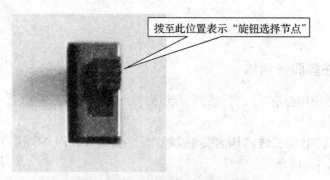

图 3-47 选择节点调试控制模式

图 3-48 调整调试节点

如图 3-49 所示将配送的扬声器（小喇叭）和语音识别模块连接（扬声器无正负极之分）。

图 3-49 扬声器连接实物图

2. 工程文件编辑与编译

在 IAR 集成开发环境平台上模仿样例程序编辑所需要工程文件，点击工具栏中的"Make"按钮编译工程，如图 3-50 所示。

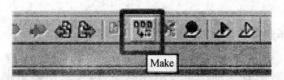

图 3-50 编译工程

等待工程文件编译完成,确保编译没有错误,如图 3-51 所示。

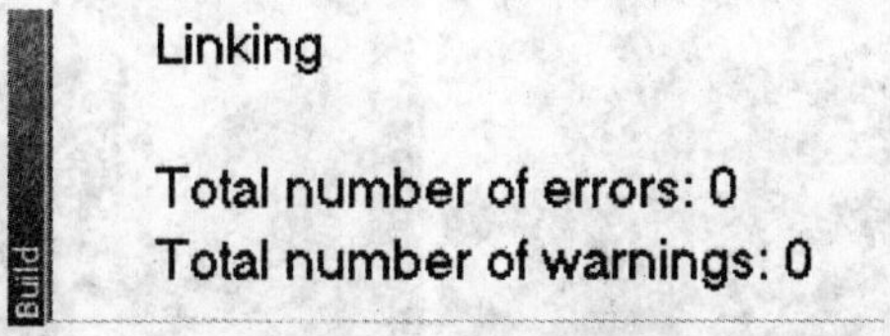

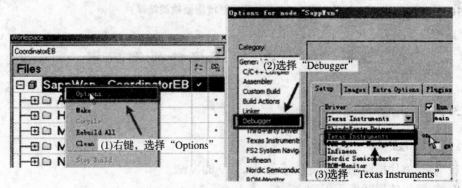

图 3-51 编译完成

3. 工程文件下载

在工程名称上点击鼠标右键,选择"Options"命令,并在弹出的对话框选择左侧的"Debugger",然后在右侧的"Driver"列表中选择"Texas Instruments",如图 3-52 所示。

图 3-52 选择调试驱动

点击"Download and Debug"按钮,如图 3-53 所示。

图 3-53 下载并进入调试状态

等待程序全部下载到语音传感器的 CC2530 后,点击"Go"按钮,使程序开始运行,如图 3-54 所示。

图 3-54 运行程序

4. 语音训练

按照支撑知识部分所述,对语音识别模块进行"训练"。

5. 语音识别

经过"训练"后,对语音识别模块发出相同语音,模块正确识别后,节点扩展板上的 LED D9 会闪烁,否则保持熄灭状态,如图 3-55 所示。

语音识别失败现象　　　　　　　语音识别成功现象

图 3-55　语音识别传感器检测结果

3.6　任务五:温湿度传感器应用

3.6.1　任务分析

【任务目的】

1. 掌握单片机驱动温湿度传感器 SHT10 的方法;
2. 掌握传感器时序图识别方法。

【任务要求】

1. 编程要求:编写温湿度传感器 SHT10 的驱动程序;
2. 实现功能:采集室内的温度和湿度;
3. 实验现象:将采集到的数据通过串口调试助手显示,用手触摸温湿度传感器,观察数据的变化。

3.6.2　支撑知识

一、温湿度传感器 SHT10 简介

SHT10 用于采集周围环境中的温度和湿度,其工电压为 2.3~5.5 V,测湿精度为±4.5%RH,25℃时测温精度为±0.5℃,采用 SMT 贴片封装。

1. SHT10 内部结构

传感器 SHT10 既可以采集温度数据也可以采集湿度数据,它将模拟量转换为数字量

输出,所以用户只需按照它提供的接口将温湿度数据读取出来即可。

内部结构如图3-56所示。

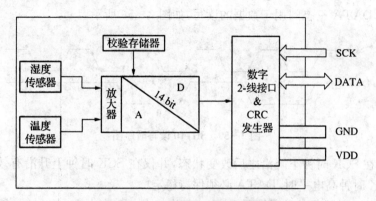

图3-56　SHT10内部机构示意图

温湿度传感器输出的模拟信号首先经放大器放大,然后A/D转换器将放大的模拟信号转换为数字信号,最后通过数据总线将数据提供给用户使用。其中校验存储器保障模数转换的准确度,CRC发生器保障数据通信的安全。SCK数据线负责微处理器和SHT10通讯同步;DATA三态门用于数据的读取。

2. SHIT10驱动电路原理

SHT10的SCK引脚与CC2530的P0_0引脚、SHT10的DATA引脚与CC2530的P0_6引脚相连,如图3-57所示。

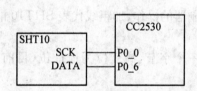

图3-57　SHT10引脚连接示意图

二、温湿度传感器SHT10工作时序

1. SHT10初始化时序

SHT10用一组"启动传输"时序来表示数据传输的初始化,如图3-58所示。

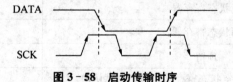

图3-58　启动传输时序

当SCK时钟高电平时DATA翻转为低电平,紧接着SCK变为低电平,随后是在SCK时钟高电平时DATA翻转为高电平。

2. SHT10 写时序

SHT10 采用两条串行线与处理器进行数据通信，SCK 数据线负责处理器和 SHT10 的通讯同步，DATA 三态门用于数据的读写，如图 3-59 所示。

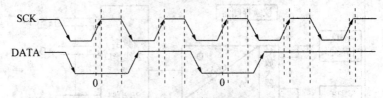

图 3-59　SHT10 读写时序图

DATA 在 SCK 时钟下降沿之后改变状态，并仅在 SCK 时钟上升沿有效。数据传输期间，在 SCK 时钟高电平时，DATA 必须保持稳定。

例如写湿度测量命令时序如图 3-60 所示。

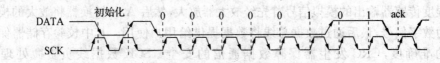

图 3-60　写湿度测量命令时序图

在写命令之前先要传输初始化时序，而后再从高位到低位将命令字写入 SHT10 中。如果写入成功，SHT10 向微控制器发送应答信号，如图中加粗线区域所示（即标注 ack 的地方）。

注：图中细线代表微控制器的操作，加粗线代表 SHT10 的操作。

3. SHT10 命令集

SHT10 的命令长度为一个字节，高三位为地址位（目前只支持"000"），低五位为命令位。

表 3-02　SHT10 命令集

命令	代码
预留	0000x
温度测量	00011
湿度测量	00101
读状态寄存器	00111
写状态寄存器	00110
预留	0101x~1110x
软复位、复位接口、清空状态寄存器即清空为默认值。（这条命令与下一条命令的时间间隔至少为 11 ms）	11110

4. SHT10 读时序

读时序如图 3-61 所示。

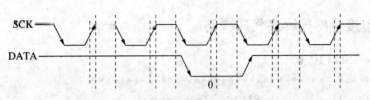

图 3-61 SHT10 读时序图

DATA 在 SCK 时钟下降沿之后改变状态,并仅在 SCK 时钟上升沿有效。数据传输期间,在 SCK 时钟高电平时,DATA 保持稳定。

例如读取湿度数据,如图 3-62 所示。

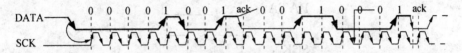

图 3-62 读湿度数据时序图

写入湿度测量命令成功后,SHT10 首先会发送一个应答信号(将数据线拉低),而后连续发出两个字节有效数据和一个字节 CRC,所以微控制器要在应答之后发送 Clock 如图中箭头所示。微控制器每接收到一个字节都要发给 SHT10 一个应答信号,而后 SHT10 才会发送下一个字节。

注:图中加粗线代表 SHT10 的操作,细线代表微控制器的操作。

三、SHT10 电路

SHT10 和 CC2530 节点电路连接如图 3-63 所示。

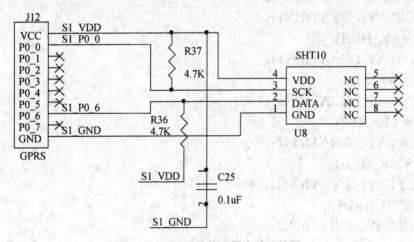

图 3-63 温湿度传感器电路连接图

图中 J12 为 CC2530 单片机的 P0 接口,R36、R37 为上拉电阻,C25 为滤波电容。

四、温湿度传感器程序代码样例

```
#include "SHT10.h"
/**************************************************
** Function Name： SHT10_Transstart
** Description：    发送开始时序
**
**                  generates a transmission start
**                         _____      _____
**              DATA：          |_____|
**                         __    __
**              SCK：    __|  |__|  |   |_____
** Input Parameters： 无
** Output Parameters： 无
**************************************************/
void SHT10_Transstart(void)
{
    SDIO_DIR_OUT;
    SCLK_DIR_OUT;
    SCLK_LOW;
    SDIO_HIGH;
    DELAY(DURATION1);
    DELAY(DURATION1);
    SCLK_HIGH;
    DELAY(DURATION1);
    SDIO_LOW;
    DELAY(DURATION1);
    SCLK_LOW;
    DELAY(DURATION1);
    SCLK_HIGH;
    DELAY(DURATION1);
    SDIO_HIGH;
    DELAY(DURATION1);
    SCLK_LOW;
}
/*********************************************************************
* Function Name： SHT10_WriteByte
** Description：    写时序
```

** Input Parameters：无
** Output Parameters：无
***/

```c
unsigned char SHT10_WriteByte(unsigned char data)
{
  unsigned char i;
  SDIO_DIR_OUT;
  SCLK_DIR_OUT;
  for(i=0x80;i>0;i=(i>>1))            // shift bit for masking
  {
    if(i&data)
      SDIO_HIGH;                      // masking value with i , write to SENSI-BUS
    else
      SDIO_LOW;
    DELAY(DURATION1);                 // pulswith approx. 5 us
    SCLK_HIGH;                        // clk for SENSI-BUS
    DELAY(DURATION1);                 // pulswith approx. 5 us
    SCLK_LOW;
    DELAY(DURATION1);                 // pulswith approx. 5 us
  }
  SDIO_HIGH;                          // release DATA-line
          // pulswith approx. 5 us
  SDIO_DIR_IN;                        // Change SDA to be input
  DELAY(DURATION1);
  SCLK_HIGH;                          // clk for SENSI-BUS
  if(READ_SDIO)
  {
      return 1;                       // error=1 in case of no acknowledge
  }
  DELAY(DURATION1);                   // pulswith approx. 5 us
  SCLK_LOW;
  return 0;
}
```

/***
Function Name： SHT10_ReadByte
** Description： 读时序
** Input Parameters： ack--->reads a byte form the Sensibus and gives an acknowledge in case of "ack=1"

** Output Parameters：无
***/

```c
unsigned char SHT10_ReadByte(unsigned char ack)
{
    unsigned char i,val=0;
    SDIO_DIR_OUT;
    SDIO_HIGH;                          // release DATA-line
    SDIO_DIR_IN;
    for(i=0x80;i>0;i=(i>>1))            // shift bit for masking
    {
        SCLK_HIGH;                      // clk for SENSI-BUS
        DELAY(DURATION1);
        if(READ_SDIO)
            val=(val|i);                // read bit
        SCLK_LOW;
        DELAY(DURATION1);
    }
    SDIO_DIR_OUT;
    if(ack)                             //in case of "ack==1" pull down DATA-Line
        SDIO_LOW;
    else
        SDIO_HIGH;
    SCLK_HIGH;                          // clk #9 for ack
    DELAY(DURATION1);                   // pulswith approx. 5 us
    SCLK_LOW;
    DELAY(DURATION1);
    SDIO_HIGH;                          // release DATA-line
    DELAY(DURATION1);
    SDIO_DIR_IN;
    return val;
}
```

/**
** Function Name： SHT10_Connectionreset
** Description： 通讯复位时序
** communication reset：DATA -line=1 and at least 9 SCK cycles followed by transstart
** _____ _____
** DATA： |_____|
**   _   _   _   _   _   _   _   _   _   __   __

```
**  SCK:  _| |_| |_| |_| |_| |_| |_| |_| |_| |____|   |__|    |__
** Input Parameters: 无
** Output Parameters: 无
**********************************************************************/
void SHT10_Connectionreset(void)
{
    unsigned char ClkCnt;
    SDIO_DIR_OUT;
    SCLK_DIR_OUT;
    SDIO_HIGH;
    SCLK_LOW;                                    // Initial state
    DELAY(DURATION1);
    for(ClkCnt=0;ClkCnt<9;ClkCnt++)              // 9 SCK cycles
    {
        SCLK_HIGH;
        DELAY(DURATION1);
        SCLK_LOW;
        DELAY(DURATION1);
    }
    SHT10_Transstart();                          // transmission start
}
/**********************************************************************
** Function Name:     SHT10_Softreset
** Description:       软件复位时序 resets the sensor by a softreset
** Input Parameters:  无
** Output Parameters: 无
**********************************************************************/
unsigned char SHT10_Softreset(void)
{
    unsigned char error=0;
    SHT10_Connectionreset();                     // reset communication
    error+=SHT10_WriteByte(CMD_Soft_Reset);      // send RESET-command to sensor
    return error;                                // error=1 in case of no response form the sensor
}
/**********************************************************************
** Function Name:     SHT10_WriteStatusReg
** Description:       写状态寄存器
** Input Parameters:  *p_value
```

** Output Parameters：无
**/

```c
unsigned char SHT10_WriteStatusReg(unsigned char RegVlaue)
{
    unsigned char error=0;
    SHT10_Transstart();                               //transmission start
    error+=SHT10_WriteByte(CMD_Write_STATUS_REG);     //send command to sensor
    error+=SHT10_WriteByte(RegVlaue);                 //send value of status register
    return error;                                     //error>=1 in case of no response form the sensor
}
unsigned char SHT10_ReadStatusReg(void)
{
    unsigned char tmp=0;
    SHT10_Transstart();                               //transmission start
    SHT10_WriteByte(CMD_Read_STATUS_REG);             //send command to sensor
    tmp = SHT10_ReadByte(ACK);                        //send value of status register
    return tmp;                                       //error>=1 in case of no response form the sensor
}
```

/**
** Function Name：   SHT10_Mearsure
** Description：读时序   makes a measurement (humidity/temperature) with checksum
** Input Parameters：   * p_value   , * p_checknum   ,mode
** Output Parameters：无
**/

```c
unsigned char SHT10_Measure(unsigned int * p_value, unsigned char * p_checksum, unsigned char mode)
{
    unsigned error=0;
    unsigned int i;
    SHT10_Transstart();                               //transmission start
    switch(mode)
    {                                                 //send command to sensor
        case TEMPERATURE：
            error+=SHT10_WriteByte(CMD_TEM_MES);
            break;
        case HUMIDITY：
            error+=SHT10_WriteByte(CMD_HUMI_MES);
```

```
            break;
    }
    SDIO_DIR_IN;
    for(i=0;i<1500;i++)        //wait until sensor has finished the measurement
    {
        if(READ_SDIO == 0)
            break;
        else
            DELAY(100);
    }
    if(READ_SDIO)
        error+=1;                              //or timeout (~2 sec.) is reached
    *(p_value)=SHT10_ReadByte(ACK);            //read the first byte (MSB)
    *(p_value)=SHT10_ReadByte(ACK)+(*(p_value)<<8);     //read the second byte (LSB)
    *p_checksum=SHT10_ReadByte(noACK);         //read checksum
    return(error);
}
/**********************************************************************
** Function Name:     SHT10_Calculate
** Description:       计算
** Input Parameters:  humi [Ticks] (12 bit)
**                    temp [Ticks] (14 bit)
** Output Parameters: humi [%RH]
**                    temp []
**********************************************************************/
float SHT10_Calculate(unsigned int data,unsigned char mode)
{
    const float C1=-4.0;              // for 8 Bit
    const float C2=+0.648;            // for 8 Bit
    const float C3=-0.0000072;        // for 8 Bit
    const float D1=-39.6;             // for 12 Bit @ 3V
    const float D2=+0.04;             // for 12 Bit @ 3V
    const float T1=0.01;              // for 8 bit
    const float T2=0.00128;           // for 8 bit
    float rh_lin;                     // rh_lin: Humidity linear
    float rh_true;                    // rh_true: Temperature compensated humidity
    float t_C;                        // t_C  : Temperature []
```

```c
    if (mode == 1)
    {
      t_C=data*D2+D1;                          //calc. temperature from ticks to []
      return (t_C);
    }
    else if(mode == 2)
    {
      rh_lin=C3*data*data + C2*data + C1;      //calc. humidity from ticks to [%RH]
      rh_true=(t_C-25)*(T1+T2*data)+rh_lin;    //calc. temperature compensated humidity [%RH]
      if(rh_true>100)rh_true=100;              //cut if the value is outside of
      if(rh_true<0.1)rh_true=0.1;              //the physical possible range
      return (rh_true);
    }
    else
      return 0;
}
/*******************************************************************
** Function Name：      SHT10_init
** Description：        初始化 SHT10
*******************************************************************/
void SHT10_init(unsigned int Initial_Reg)
{
    SHT10_Connectionreset();
    SHT10_WriteStatusReg(Initial_Reg);
}
#include "Basic.h"
#include "SHT10.h"
#include "UART.h"
void main(void)
{
    uint16 uTempValue, uHumiValue;
    float fTempValue, fHumiValue;
    //LED 灯(D8 D9)端口初始化
    LEDPortInit();
    //UART0 初始化
    UART0_Init( BAUD_115200 );
```

```
//传感器初始化
SHT10_init(0x01);
for( ; ; )
{
  /* */
  //读取温度值
  SHT10_Measure( &uTempValue, 0, TEMPERATURE );
  Delay(5);
  //读取湿度值
  //SHT10_init(0x01);
  SHT10_Measure( &uHumiValue, 0, HUMIDITY);
  //温湿度传感器线性度系数校准
  fTempValue = SHT10_Calculate(uTempValue, TEMPERATURE);
  fHumiValue = SHT10_Calculate(uHumiValue, HUMIDITY);
  //显示温度
  UART0_Send( "Temperature:", sizeof("Temperature:")-1 );
  //UART0_Dis_uNum(uTempValue);
  UART0_Dis_fNum(fTempValue);
  UART0_Send( "C\t", sizeof("C\t")-1 );
  //显示湿度
  UART0_Send( "Humidity:", sizeof("Humidity:")-1 );
  //UART0_Dis_uNum(uHumiValue);
  UART0_Dis_fNum(fHumiValue);
  UART0_Send( "%\r\n", sizeof("%\r\n")-1 );
  //运行时 LED 指示灯闪烁
  SET_LED_D8;
  Delay(5);
  CLR_LED_D8;
  Delay(120);
}
}
```

3.6.3 任务同步训练

本任务训练使用标有"温湿度传感器节点"的节点完成操作。

1. 设备连接

使用 Mini USB 延长线将温湿度传感器节点底板的 Mini USB 接口连接至计算机的 USB 接口，如图 3-64 所示。

图 3-64 温湿度传感器节点的串口连接至 PC 机

将调试器一端使用 USB A-B 延长线连接至计算机的 USB 接口,另一端的 10pin 排线连接到实训平台左下角的调试接口,如图 3-65 所示。

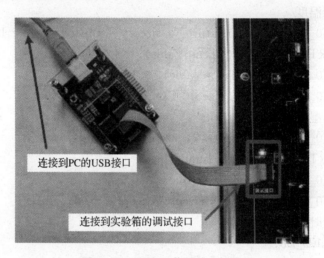

图 3-65 程序下载硬件连接图

将实训平台右上角的开关拨至"旋钮节点选择"一侧,如图 3-66 所示。

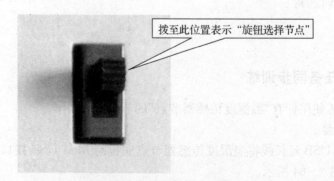

图 3-66 选择节点调试控制模式

转动实训平台左下角的旋钮,使得温湿度传感器节点旁边的 LED 灯被点亮,如图 3-67 所示。

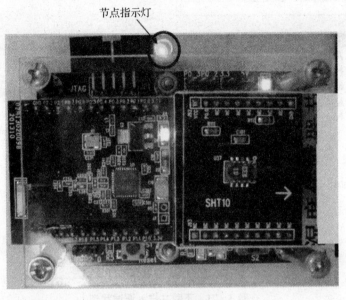

图 3-67 调整调试节点

2. 工程文件编辑与编译

在 IAR 集成开发环境平台上模仿样例程序编辑所需要工程文件,点击工具栏的"Make"按钮编译工程,如图 3-68 所示。

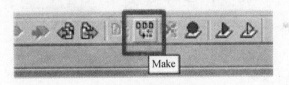

图 3-68 编译工程

等待工程文件编译完成,确保编译没有错误,如图 3-69 所示。

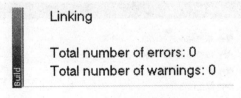

图 3-69 编译完成

3. 工程文件下载

在工程名称上点击鼠标右键,选择"Options"命令,并在弹出的对话框选择左侧的"Debugger",然后在右侧的"Driver"列表中选择"Texas Instruments",如图 3-70 所示。

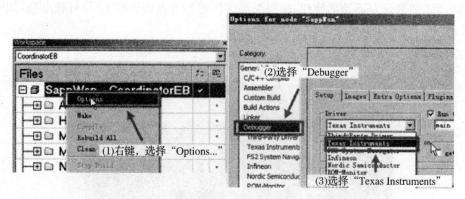

图 3-70 选择调试驱动

点击"Download and Debug"按钮,如图 3-71 所示。

图 3-71 下载并进入调试状态

等待程序全部下载到温湿度传感器的 CC2530 后,点击"Go"按钮,使程序开始运行,如图 3-72 所示。

图 3-72 运行程序

4. 串口调试助手安装

本任务训练需要借助串口调试助手软件观察结果,可以使用 LSCOMM 串口调试助手软件。把此软件安装到计算机上,然后按照如图 3-73 所示设置各项参数。

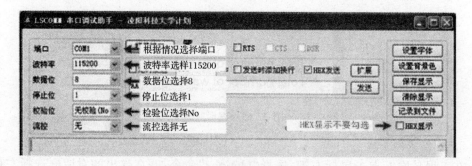

图 3-73 设置串口调试助手参数

5. 查看温湿度传感器信息

串口调试助手设置完毕后,点击"打开端口",在串口调试助手中查看 CC2530 发送过来的温湿度传感器的信息,如图 3-74 所示。

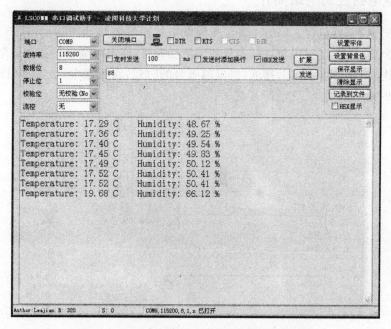

图 3-74 串口调试助手中的温湿度传感器信息

温湿度传感器可以同时获取周围环境的温度信息和湿度信息,用手指轻轻按压温湿度传感器,可以测试温湿度的变化。

3.7 任务六:执行节点控制器

3.7.1 任务分析

【任务目的】

1. 理解执行节点控制器的工作原理;
2. 掌握单片机驱动执行节点的方法。

【任务要求】

1. 编程要求:编写执行节点的驱动程序;
2. 实现功能:CC2530 I/O 控制执行节点的继电器;
3. 实验现象:CC2530 通过串口向串口调试助手不断输出当前的 4 个继电器的状态,并且通过串口调试助手发送十六进制值时,可以控制 4 个继电器的开关状态。

3.7.2 支撑知识

一、继电器控制电路简介

执行节点控制器包含 4 路继电器。单路继电器控制电路如图所示,其中 LS2 为单刀双掷继电器,Q2 为驱动三极管,D3 为反向续流二极管,静态时继电器常闭触电(继电器引脚 1)和公共端(继电器引脚 3)接通,继电器吸合的时候,常开触电(继电器引脚 6)和公共端接通,此时对应的发光二极管 D4 亮。

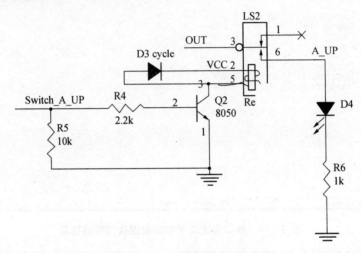

图 3-75 继电器控制电路

二、执行节点控制器电路连接

执行节点控制器和 CC2530 节点电路连接如图 3-76 所示。

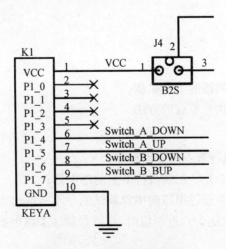

图 3-76 执行节点连接图

图中 K1 为 CC2530 单片机的 P1 接口，单片机的端口 P1_4、P1_5、P1_6、P1_7 分别控制 4 个继电器。

三、执行节点控制器程序代码样例

```
#include "Control.h"
#include "UART.h"
uint8 ControlState = 0;
uint8 ControlSet( uint8 ControlData )
{
    P1SEL &= 0X0F;
    P1DIR |= 0XF0;
    //改变继电器控制状态,同时保持低四位状态不变。
    P1 &= (ControlData << 4) | 0X0F;
    P1 |= (ControlData << 4) & 0XF0;
    return ControlData;
}
void Dis_ConState( uint8 ConState )
{
    //AU 状态
    UART0_Send( "AU:", 3 );
    if( 0X01 == ( ConState & 0X01 ))
        UART0_Send( " on\t", sizeof(" on\t")-1 );
    else
        UART0_Send( "off\t", sizeof("off\t")-1 );
    //AD 状态
    UART0_Send( "AD:", 3 );
    if( 0X02 == ( ConState & 0X02 ))
        UART0_Send( " on\t", sizeof(" on\t")-1 );
    else
        UART0_Send( "off\t", sizeof("off\t")-1 );
    //BU 状态
    UART0_Send( "BU:", 3 );
    if( 0X04 == ( ConState & 0X04 ))
        UART0_Send( " on\t", sizeof(" on\t")-1 );
    else
        UART0_Send( "off\t", sizeof("off\t")-1 );
    //BD 状态
    UART0_Send( "BD:", 3 );
```

```c
        if( 0X08 == ( ConState & 0X08 ))
            UART0_Send( " on\t", sizeof(" on\t")-1 );
        else
            UART0_Send( "off\t", sizeof("off\t")-1 );
        UART0_Send( "\r\n", 2 );
}
#include "Basic.h"
#include "UART.h"
#include "Control.h"
extern uint8 ControlState;
void main(void)
{
    //LED 灯(D8 D9)端口初始化
    LEDPortInit();
    //UART0 初始化
    UART0_Init( BAUD_115200 );
    //控制器(执行器)端口(P1.7~P1.4)初始化
    SetIOOutput(1,4);
    SetIOOutput(1,5);
    SetIOOutput(1,6);
    SetIOOutput(1,7);
    //初始化继电器状态
    ControlState = ControlSet(0X00);
    for( ; ; )
    {
        /*
        通过串口调试助手发送 1Byte,该 Byte 的低 4 位代表控制器下一个状态
        对应位是 1:继电器吸合,对应 LED 点亮;
        对应位是 0:继电器断开,对应 LED 熄灭;
        | P1.4 | P1.3 | P1.2 | P1.1 |
        |  BD  |  BU  |  AD  |  AU  |
        通过 UART0 中断处理函数改变控制状态。
        */
        //显示当前状态
        Dis_ConState( ControlState );
        //运行时 LED 指示灯闪烁
        SET_LED_D8;
        Delay(5);
```

```
CLR_LED_D8;
Delay(120);
   }
}
```

3.7.3 任务同步训练

本任务训练使用标有"执行节点"的节点完成操作。

1. 设备连接

使用 Mini USB 延长线将执行节点底板的 Mini USB 接口连接至计算机的 USB 接口,如图 3-77 所示。

图 3-77 执行节点控制器的串口连接至 PC 机

将调试器一端使用 USB A-B 延长线连接至计算机的 USB 接口,另一端的 10pin 排线连接到实训平台左下角的调试接口,如图 3-78 所示。

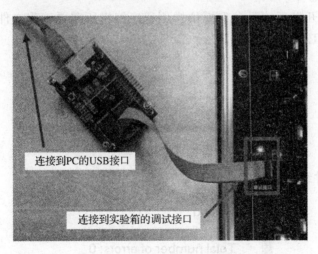

图 3-78 程序下载硬件连接图

将实训平台右上角的开关拨至"旋钮节点选择"一侧,如图 3-79 所示。

图3-79 选择节点调试控制模式

转动实训平台左下角的旋钮,使得执行节点旁边的 LED 灯被点亮,如图 3-80 所示。

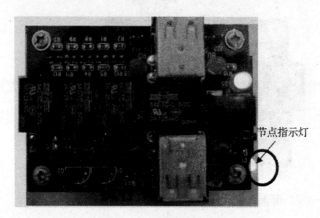

图3-80 调整调试节点

2. 工程文件编辑与编译

在 IAR 集成开发环境平台上模仿样例程序编辑所需要工程文件,点击工具栏的"Make"按钮编译工程,如图 3-81 所示。

图3-81 编译工程

等待工程文件编译完成,确保编译没有错误,如图 3-82 所示。

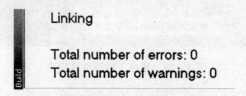

图3-82 编译完成

3. 工程文件下载

在工程名称上点击鼠标右键,选择"Options"命令,并在弹出的对话框选择左侧的"Debugger",然后在右侧的"Driver"列表中选择"Texas Instruments",如图 3-83 所示。

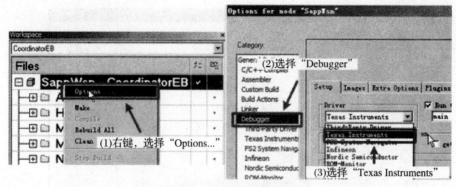

图 3-83　选择调试驱动

点击"Download and Debug"按钮,如图 3-84 所示。

图 3-84　下载并进入调试状态

等待程序全部下载到执行节点控制器的 CC2530 后,点击"Go"按钮,使程序开始运行,如图 3-85 所示。

图 3-85　运行程序

4. 串口调试助手安装

本任务训练需要借助串口调试助手软件观察结果,可以使用 LSCOMM 串口调试助手软件。把此软件安装到计算机上,然后按照如图 3-86 所示设置各项参数。

图 3-86　设置串口调试助手参数

5. 查看执行节点信息

串口调试助手设置完毕后,点击"打开端口",在串口调试助手中查看CC2530发送过来的继电器的信息,如图3-87所示。

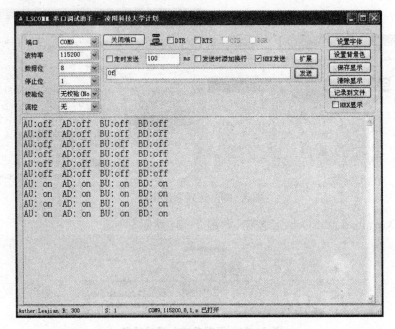

图3-87 串口调试助手中的继电器信息

在"发送"按钮左侧的文本框内输入十六进制形式的字节数据,并点击"发送"按钮,可以控制4个继电器的开关状态,4个继电器分别对应于这个字节中的 bit0~bit3。

3.8 自主训练

一、实训项目

模仿各种传感器样例程序,在IAR集成开发环境编写程序驱动传感器工作、读取相应数据、显示数据。

二、理解与思考

(1) 传感器类型有哪些?
(2) 传感器主要性能指标有哪些?
(3) 传感器选用原则是什么?

三．自我评价

评价内容		评价			
学习目标	评价项目	优	良	中	差
熟悉气体传感器应用	气体传感器应用项目开发				
熟悉光照度传感器应用	光照度传感器应用项目开发				
熟悉红外测距传感器应用	红外测距传感器应用项目开发				
熟悉语音传感器应用	语音传感器应用项目开发				
熟悉温湿度传感器应用	温湿度传感器应用项目开发				

项目四　无线传感器网络技术应用

拟实现的能力目标

N4.1　能够完成 ZigBee 星型网络搭建；
N4.2　能够完成 ZigBee 树状网络搭建；
N4.3　能够完成无线传感器网络组建。

须掌握的知识内容

Z4.1　无线传感器结构；
Z4.2　ZigBee 2007 协议栈组成；
Z4.3　ZigBee 网络类型与特点；
Z4.4　ZigBee 网络组成。

> 本单元包含 5 个学习任务：
> 任务 1：ZigBee 2007 协议栈建立；
> 任务 2：ZigBee 2007 协议栈应用；
> 任务 3：ZigBee 星型网络搭建；
> 任务 4：ZigBee 树状网络搭建；
> 任务 5：传感器的无线通信。

　　物联网传感器之间或传感器与其他设备之间数据交换除了利用总线和有线网络以外，还可以采用无线方式，从而组成无线传感器网络。无线传感器网络（Wireless Sensor Network，WSN）是指由大量的静止或移动的传感器以自组织和多跳的方式构成的无线网络，以协作地感知、采集、处理和传输网络覆盖地理区域内被感知对象的信息，并最终把这些信息发送给网络的所有者。

　　无线传感器网络节点是各种无线传感器。无线传感器是由传感器、数据处理单元和无线通信模块组成，通过自组织的方式构成网络。它可以采集设备的数字信号通过无线传感器网络传输到监控中心的无线网关，直接送入计算机，进行分析处理。监控中心也可以通过网关把控制、参数设置等信息无线传输给节点。

　　无线传感器网络的无线通信技术可以采用 ZigBee 技术、蓝牙、WiFi 和红外等技术，其中 ZigBee 技术在低功耗、低成本和组网能力方面具有无可比拟的应用优势。

4.1 ZigBee 技术介绍

4.1.1 ZigBee 技术概述

一、ZigBee 技术概述

ZigBee 技术是一种具有统一技术标准的短距离无线通信技术，其物理层和数据链路层协议为 IEEE 802.15.4 协议标准，网络层和安全层由 ZigBee 联盟制定，应用层的开发应用根据用户的应用需要，对其进行开发利用，因此该技术能够为用户提供机动、灵活的组网方式。

根据 IEEE 802.15.4 协议标准，ZigBee 的工作频段分为 3 个频段，这 3 个工作频段相距较大，而且在各频段上的信道数据不同，因而，在该项技术标准中，各频段上的调制方式和传输速率不同。它们分别为 868MHz、915MHz 和 2.4GHz，其中 2.4GHz 频段上分为 16 个信道，该频段为全球通用的工业、科学、医学频段，为免付费、免申请的无线电频段，在该频段上，数据传输速率为 250Kb/s；另外两个频段为 915/868MHz，其相应的信道个数分别为 10 个和 1 个，传输速率分别为 40Kb/s 和 20Kb/s。868MHz 和 915MHz 无线电使用直接序列扩频技术和二进制相移键控(BPSK)调制技术，2.4GHz 无线电使用 DSSS 和偏移正交相移键控(O—QPSK)。

在组网性能上，ZigBee 可以构造星形网络或者点对点对等网络，在每一个 ZigBee 组成的无线网络中，连接地址码分为 16b 短地址或者 64b 长地址，可容纳的最大设备个数分别为 216 和 264 个，具有较大的网络容量。

二、ZigBee 技术特点

ZigBee 技术则致力于提供一种廉价的固定、便携或者移动设备使用的极低复杂度、成本和功耗的低速率无线通信技术。这种无线通信技术具有如下特点。

1. 数据传输速率低

只有 10~250Kb/s，专注于低传输速率应用。无线传感器网络不传输语音、视频之类的大数据量的采集数据，仅仅传输一些采集到的温度、湿度之类的简单数据。

2. 功耗低

工作模式情况下，ZigBee 技术传输速率低，传输数据量很小，因此信号的收发时间很短。其次在非工作模式时，ZigBee 节点处于休眠模式，耗电量仅仅只有 1 μW。设备搜索时延一般为 30 ms，休眠激活时延为 15 ms，活动设备信道接入时延为 15 ms。由于工作时间较短、收发信息功耗较低且采用了休眠模式，使得 ZigBee 设备非常省电，ZigBee 节点的电池工作时间可以长达 6 个月到 2 年左右。

3. 数据传输可靠

ZigBee 的介质链路层(以 MAC 层)采用 CSMA－CA 碰撞避免机制。在这种完全确认的数据传输机制下,当有数据传送需求时则立刻传送,发送的每个数据包都必须等待接收方的确认信息,并进行确认信息回复,若没有得到确认信息的回复就表示发生了碰撞,将再传一次,采用这种方法可以提高系统信息传输的可靠性。同时为需要固定带宽的通信业务预留了专用时隙,避免了发送数据时的竞争和冲突。同时 ZigBee 针对时延敏感的应用做了优化,通信时延和休眠状态激活的时延都非常短。

4. 网络容量大

ZigBee 的低速率、低功耗和短距离传输的特点使它非常适宜支持简单器件。ZigBee 定义了两种器件:全功能器件(FFD)和简化功能器件(RFD)。网络协调器(coordinator)是一种全功能器件,而网络节点通常为简化功能器件。如果通过网络协调器组建无线传感器网络,整个网络最多可以支持超过 65 000 个 ZigBee 网络节点,再加上各个网络协调器可互相连接,整个 ZigBee 网络节点的数目将十分可观。

5. 自动动态组网、自主路由

无线传感器网络是动态变化的,无论是节点的能量耗尽,或者节点被敌人俘获,都能使节点退出网络,而且能在需要的时间向已有的网络中加入新的传感器节点。

6. 兼容性

ZigBee 技术与现有的控制网络标准无缝集成。通过网络协调器自动建立网络,采用 CSMA-CA 方式进行信道接入。为了可靠传递,还提供全握手协议。

7. 安全性

ZigBee 提供了数据完整性检查和鉴权功能,在数据传输中提供了三级安全性。第一级实际是无安全方式,对于某种应用,如果安全并不重要或者上层已经提供足够的安全保护,器件就可以选择这种方式来转移数据。对于第二级安全级别,器件可以使用接入控制清单(ACL)来防止非法接入获取数据。

在这一级不采取加密措施。第三级安全级别在数据转移中采用属于高级加密标准(AES)的对称密码。AES 可以用来保护数据净荷和防止攻击者冒充合法器件。

8. 实现成本低

ZigBee 协议免专利费用。无线传感器网络中可以具有成千上万的节点,如果不能严格地控制节点的成本,那么网络的规模必将受到严重的制约,从而将严重地制约无线传感器网络的强大功能。

4.1.2 ZigBee 协议规范

一、ZigBee 协议规范版本

1. ZigBee 1.0 或 ZigBee 2004,2004 年 12 月发布

第一个 ZigBee 协议栈规范。

2. ZigBee 2006 规范,2006 年 12 月发布

ZigBee 2006 规范主要是用"群组库(cluster library)"替换了 ZigBee 2004 中的 MSG/KVP 结构。ZigBee 2006 协议栈不兼容原来的 ZigBee 2004 技术规范。

3. ZigBee 2007 规范,2007 年 10 月发布

ZigBee 2007 规范包含两套高级的功能指令集(feature set),分别是 ZigBee 功能命令集和 ZigBee Pro 功能命令集(ZigBee 2004 和 2006 都不兼容这两套新的命令集)。

ZigBee 2007 包含两个协议栈模板(profile),一个是 ZigBee 协议栈模板(Stack Profile 1),它是 2006 年发布的,目标是消费电子产品和灯光商业应用环境,设计简单,使用在少于 300 个节点网络中。另一个是 ZigBee Pro 协议栈模板(Stack Profile 2),它是在 2007 年发布,目标是商业和工业环境,支持大型网络、1000 个以上网络节点、更好安全性。

ZigBee Pro 提供了更多的特性,比如:多播、多对一路由和 SKKE(Symmetric-key Key Establishment)高安全,但 ZigBee(协议栈模板 1)在内存和 flash 中提供了一个比较小的区域。两者都提供了全网状网络与所有的 ZigBee 应用模板工作。

ZigBee 2007 是向后完全兼容 ZigBee 2006 设备,ZigBee 2007 设备可以加入一个 ZigBee 2006 网络,并能在 ZigBee 2006 网络中运行,反之亦然。

二、ZigBee 协议体系结构

ZigBee 是基于 IEEE802.15.4 的无线通信协议,它的协议结构由物理层(PHY)、介质访问层(MAC)、网络层(NWK)、应用层组成,其协议体系结构如图 4-01 所示。

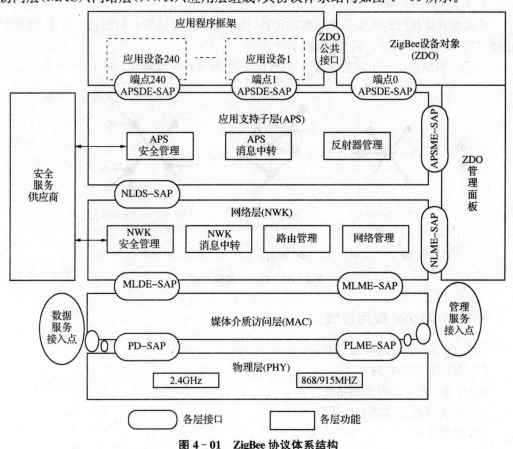

图 4-01 ZigBee 协议体系结构

其中 MAC 层、PHY 层规范由 IEEE802.15.4 制定，APS 层、NWK 层规范由 ZigBee 联盟制定，应用设备层规范由终端制造商制定。

4.1.3 ZigBee 网络组成

ZigBee 网络由各种节点组成，ZigBee 节点主要分三种，分别是协调器（Coodinator）、路由器（Router）、终端（EndDevice）。

1. 协调器（Coodinator）

协调器负责启动整个网络，它也是网络的第一个设备。协调器选择一个信道和一个网络 ID（也称之为 PAN ID，即 Personal Area Network ID），随后启动整个网络。协调器也可以用来协助建立网络中安全层和应用层的绑定（bindings）。

同一网络中至少需要一个协调器，也只能有 1 个协调器，负责各个节点 16 位地址分配（自动分配）。

2. 路由器（Router）

路由器的功能主要是允许其他设备加入网络，是一种支持关联的设备，能够实现其他节点的消息转发功能。ZigBee 的树形网络可以有多个 ZigBee 路由器设备，ZigBee 的星型网络不支持 ZigBee 的路由器设备。

3. 终端（EndDevice）

终端是具体执行的数据采集传输的设备，他不能转发其他节点的消息。通常，终端对存储空间（特别是 RAM 的需要）比较小。

ZigBee 网络理论上可以连上 65536 个节点，组网方式千变网化，如图 4-02 所示。

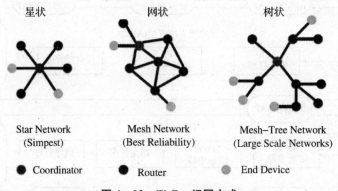

图 4-02 ZigBee 组网方式

4.1.4 ZigBee 应用领域

目前 ZigBee 的应用领域主要有：
(1) 智能家居物联网；
(2) 工业、农业无线监测系统；
(3) 个人监控、医院病人定位；
(4) 消费电子；

(5) 城市智能交通；
(6) 户外作业及地下矿场安全监护。

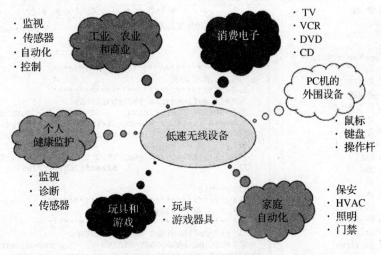

图 4-03 ZigBee 应用领域

随着技术日益成熟以及价格的下降，ZigBee 在大多领域逐渐取代原始的无线模块。

4.2 任务一：ZigBee 2007 协议栈建立

4.2.1 任务分析

【实验目的】

1. 了解 ZigBee 2007 协议栈操作系统的工作机制；
2. 熟悉 ZigBee 2007 协议栈操作系统中任务的基本格式。

【任务要求】

按照 ZigBee 2007 协议栈操作系统中任务的格式编写应用程序，实现每隔 1 秒钟让节点上的 LED 灯闪烁一次。

4.2.2 支撑知识

一、ZigBee 2007 协议栈软件架构

ZigBee 2007 协议栈装载在一个基于 IAR 开发环境的工程里。而 ZigBee 2007 协议根据 IEEE 802.15.4 和 ZigBee 标准分为以下几层：API(Application Programming Interface)、HAL(Hardware Abstract Layer)、MAC(Media Access Control)、NWK(Zigbee Network Layer)、OSAL(Operating System Abstract System)、Security、Service、ZDO(Zigbee Device Objects)，所以相应工程文件具有相似文件夹结构。使用 IAR 打开工程文

件可发现整个协议栈从 HAL 层到 APP 层的文件夹分布,如图 4-04 所示。

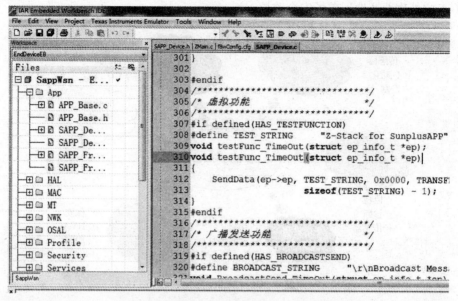

图 4-04　ZigBee 2007 协议栈工程文件结构

二、ZigBee 2007 协议栈任务调度

ZigBee 2007 协议栈采用操作系统的思想来构建,采用事件轮循机制,当各层初始化之后,系统进入低功耗模式;当任务发生时,唤醒系统,开始进入中断处理事件,结束后继续进入低功耗模式。如果同时有几个任务发生,判断优先级,逐次处理任务。这种软件构架可以极大地降级系统的功耗。

ZigBee 协议栈轮转查询方式协调调度各项任务,程序流程图如图 4-05 所示。

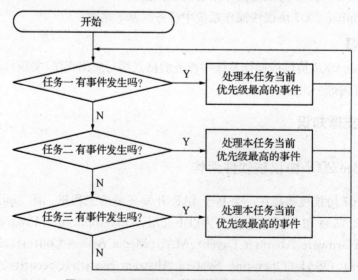

图 4-05　ZigBee 2007 协议栈任务调度流程图

这种调度方式把优先级放在了最重要的地位，优先级高的任务中的所有事件都具有很高的级别，只要优先级高的任务有事件没有处理完，就一直处理，直到所有事件都得到处理，才去执行下一个任务事件的查询。另外，即使当前在处理的任务中有两个以上事件待处理，处理完一件后，也要去查询优先级更高的任务。只有在优先级更高的任务没有事件要处理的情况下，才会处理原来任务优先级第二高的事件。如果此时发现优先级高的任务有了新的事件要处理，则立刻处理该事件。通过这种调度方式，就赋予了优先级高的任务最大的权利，尽可能保证高优先级任务的每一个事件都能得到最及时的处理。

三、ZigBee 2007 协议栈 API 函数简介

1. 初始化任务列表

在 ZigBee 2007 协议栈中，任务列表是以固定的形式存储和调度的。在协议栈工程文件的"App"文件夹中，可以看到一个 APP_Base.c 文件，其中定义了一个 tasksArr 数组，如图 4-06 所示。

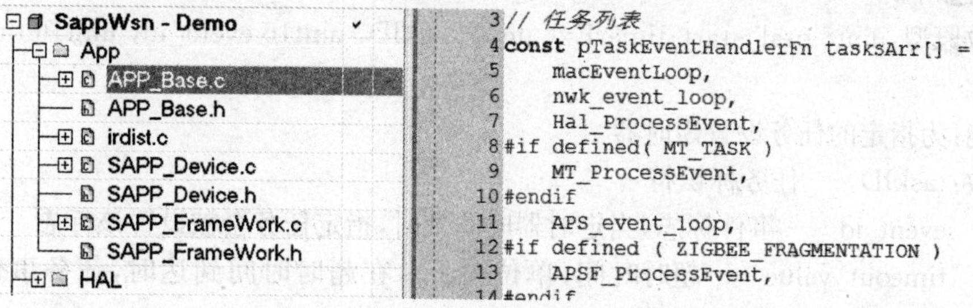

图 4-06 任务列表

taskArr 数组中的每一个单元都是符合下面的形式的任务函数：

unsigned short (* pTaskEventHandlerFn)(unsigned char task_id, unsigned short event);

每一个任务函数都具有两个参数：task_id 表示该任务的标识符，event 表示该任务的事件标志。同时，任务函数需要返回一个 16 位的整数，其中应当包含未能处理的事件标志。

当需要添加一个任务时，只需要按照上面的形式编写任务函数，并将该任务函数名填写到 tasksArr 数组中即可。

在 APP_Base.c 文件 tasksArr 数组下方，可以看到一个 osalInitTasks()函数，如图 4-07 所示。

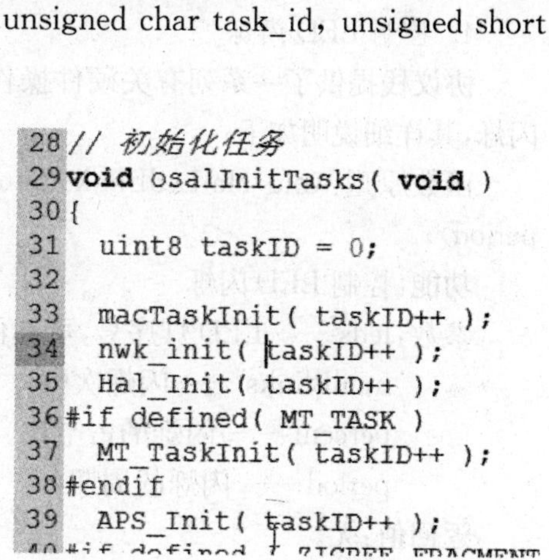

图 4-07 初始化任务列表函数

该函数的作用是对 tasksArr 中的任务进行初始设置，以便可以在满足一定条件时触发这些任务的执行。例如，在该函数中用户可以

为某个任务设置定时器,以便可以让该任务在一段时间后被调度执行。

2. 为任务设置事件标志

任务的执行完全依赖于该任务是否有未处理的事件,使用 osal_set_event()函数可以为指定的任务设置事件标志,使得当操作系统在任务调度的过程中,可以将该任务调度执行。osal_set_event()函数的详细说明如下:

函数原型:uint8 osal_set_event(uint8 task_id, uint16 event_flag);

功能:为指定的任务设置事件标志

参数:task_id——任务标识符

　　　event_flag——事件标志,为一个 16 位的整数,每一位代表了一种事件

返回值:成功返回 SUCCESS,失败返回其他值。

说明:系统已经预定义的事件在 comdef.h 文件中定义。

3. 为任务设置定时器

定时器可以在延迟一段时间后触发指定的任务事件,从而可以使任务在指定的时刻被调度执行。使用 osal_start_timerEx()函数可以为指定任务开启一个定时器,该函数的详细说明如下:

函数原型:uint8 osal_start_timerEx(uint8 taskID, uint16 event_id, uint16 timeout_value);

功能:为指定的任务设置定时器

参数:taskID——任务标识符

　　　event_id——事件标志,当定时器时间到时,指定任务会被设置该标志

　　　timeout_value——超时时间,单位为 ms,在超时时间到达时,任务事件将被设置

返回值:成功返回 SUCCESS,失败返回其他值。

说明:当任务由于超时时间到达被调度时,可以重复调用该函数,以便可以周期执行。

4. 控制 LED 闪烁

协议栈提供了一系列有关硬件操作的函数,其中 HalLedBlink()函数用来控制 LED 闪烁,其详细说明如下:

函数原型:void HalLedBlink (uint8 leds, uint8 numBlinks, uint8 percent, uint16 period);

功能:控制 LED 闪烁

参数:leds ——LED 灯序号,可选值有:HAL_LED_1 和 HAL_LED_2

　　　numBlinks ——闪烁次数

　　　percent ——闪烁的占空比

　　　period ——闪烁的周期

返回值:无。

说明:使用此函数需要包含头文件"hal_led.h"。

四、ZigBee 2007 协议栈任务处理程序代码样例

样例要求:创建一个任务,并利用定时器,周期性触发该任务,在该任务中控制 LED 闪烁。

1. 任务函数编写

需要编写一个任务函数,用来处理定时器触发的事件,并在该函数中控制 LED 闪烁,示例代码如下:

```
uint16 Hello_ProcessEvent(uint8 task_id, uint16 events);
uint16 Hello_ProcessEvent(uint8 task_id, uint16 events)
{
    if(events & 0x0001)
    {
        // 控制 LED 闪烁
        HalLedBlink(HAL_LED_1, 1, 50, 250 );
        // 启动定时器,设置 1 秒钟后再次触发该任务
        osal_start_timerEx( task_id, 0x0001, 1000 );
    }
    // 清除定时器事件标志
    return(events ^ 0x0001);
}
```

2. 添加任务到任务列表

将这个任务函数添加到任务列表中,示例代码如下所示:

```
// 任务列表
const pTaskEventHandlerFn tasksArr[] = {
    macEventLoop,
    nwk_event_loop,
    Hal_ProcessEvent,
#if defined( MT_TASK )
    MT_ProcessEvent,
#endif
    APS_event_loop,
#if defined ( ZIGBEE_FRAGMENTATION )
    APSF_ProcessEvent,
#endif
    ZDApp_event_loop,
#if defined ( ZIGBEE_FREQ_AGILITY ) || defined ( ZIGBEE_PANID_CONFLICT )
    ZDNwkMgr_event_loop,
```

```
    #endif
    #if defined(SAPP_ZSTACK)
        sapp_controlEpProcess,
        sapp_functionEpProcess,
    #endif
    // 任务建立实验
        Hello_ProcessEvent,
};
```

其中，黑色斜体所示即为我们创建的示例任务函数。

3. 启动定时器

为了让系统在启动后可以调度这个任务，还需要在 osalInitTasks()函数中添加代码，启动定时器，示例代码如下：

```
// 初始化任务
void osalInitTasks( void )
{
    uint8 taskID = 0;
    macTaskInit( taskID++ );
    nwk_init( taskID++ );
    Hal_Init( taskID++ );
    #if defined( MT_TASK )
        MT_TaskInit( taskID++ );
    #endif
    APS_Init( taskID++ );
    #if defined ( ZIGBEE_FRAGMENTATION )
        APSF_Init( taskID++ );
    #endif
    ZDApp_Init( taskID++ );
    #if defined ( ZIGBEE_FREQ_AGILITY ) || defined ( ZIGBEE_PANID_CON-
FLICT )
        ZDNwkMgr_Init( taskID++ );
    #endif
    #if defined(SAPP_ZSTACK)
        sapp_taskInitProcess();
    #endif
        osal_start_timerEx( taskID, 0x0001, 1000 );
}
```

其中，黑色斜体所示代码，用来启动定时器。

4.2.3 任务同步训练

本任务训练使用标有"协调器"的节点完成操作。

1. 设备连接

将调试器一端使用 USB A‑B 延长线连接至计算机的 USB 接口,另一端的 10pin 排线连接到实训平台左下角的调试接口,如图 4‑08 所示。

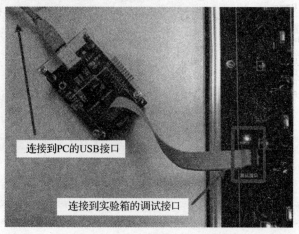

图 4‑08　程序下载硬件连接图

将实训平台右上角的开关拨至"旋钮节点选择"一侧,如图 4‑09 所示。

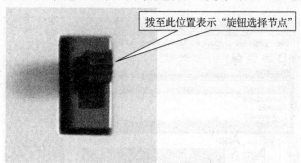

图 4‑09　选择节点调试控制模式

转动实训平台左下角的旋钮,使得协调器旁边的 LED 灯被点亮,如图 4‑10 所示。

图 4‑10　调整调试节点

2. 程序编辑与调试

在 IAR 集成开发环境平台上打开样例工程文件,如图 4-11 所示。

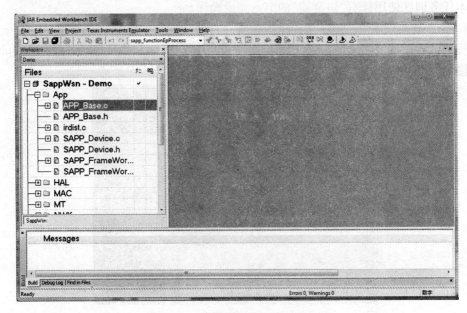

图 4-11　打开协议栈样例工程文件

在工程目录结构树上方的下拉列表中,选择"Demo",如图 4-12 所示。

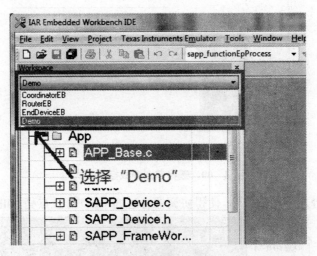

图 4-12　选择"Demo"

双击 App 组中的 APP_Base.c 文件,可以发现在该文件中已经添加好任务处理函数,如图 4-13 所示。

在 tasksArr 数组中可以看到,任务处理函数已经添加到了任务列表中,如图 4-14 所示。

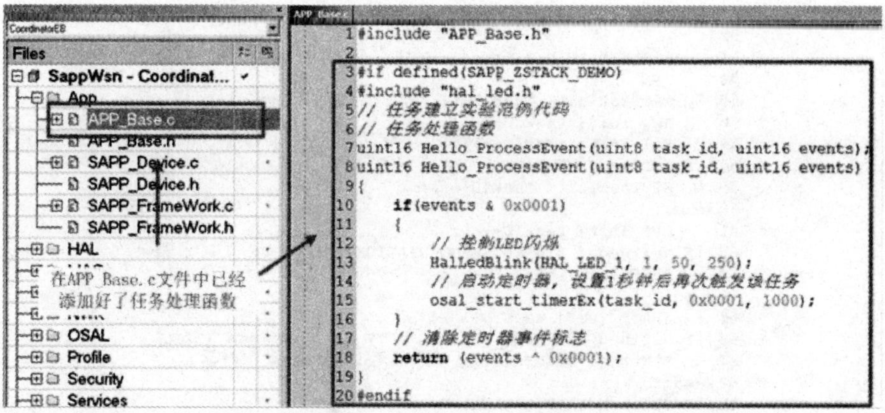

项目四 无线传感器网络技术应用

图4-13 添加任务函数

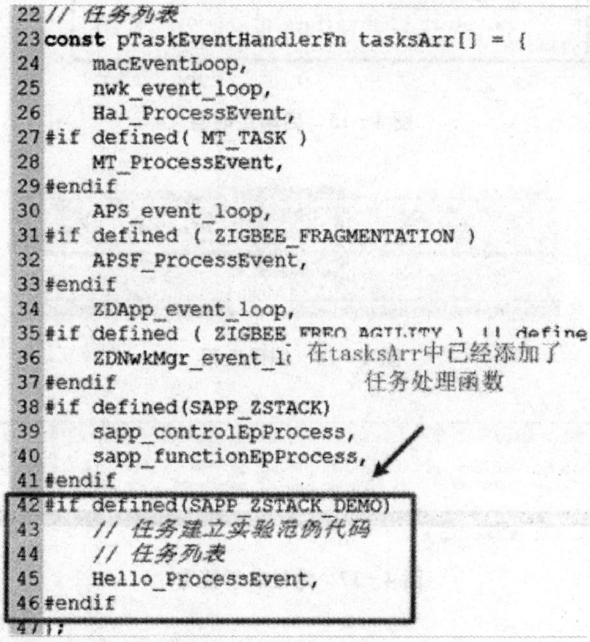

图4-14 添加任务列表

在osalInitTasks()函数中,为该任务启动一个定时器,如图4-15所示。
点击工具栏中的"Make"按钮编译工程,如图4-16所示。
等待工程编译完成,出现如图4-17所示警告,可以忽略。
在工程名称上点击鼠标右键,选择"Options",并在弹出的对话框中选择左侧的"Debugger",并在右侧的"Driver"列表中选择"Texas Instruments",如图4-18所示。

```
50 // 初始化任务
51 void osalInitTasks( void )
52 {
53     uint8 taskID = 0;
54
55     macTaskInit( taskID++ );
56     nwk_init( taskID++ );
57     Hal_Init( taskID++ );
58 #if defined( MT_TASK )
59     MT_TaskInit( taskID++ );
60 #endif
61     APS_Init( taskID++ );
62 #if defined ( ZIGBEE_FRAGMENTATION )
63     APSF_Init( taskID++ );
64 #endif
65     ZDApp_Init( taskID++ );
66 #if defined ( ZIGBEE_FREQ_AGILITY ) || defined ( ZIGB
67     ZDNwkMgr_Init( taskI 在任务初始化时启动定时器
68 #endif
69 #if defined(SAPP_ZSTACK)
70     sapp_taskInitProcess();
71 #endif
72 #if defined(SAPP_ZSTACK_DEMO)
73     // 任务建立实验范例代码
74     // 启动定时器
75     osal_start_timerEx(taskID, 0x0001, 1000);
76 #endif
77 }
```

图 4-15 启动定时器

图 4-16 编译工程

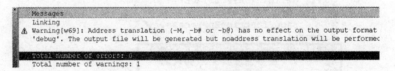

图 4-17 地址映射警告

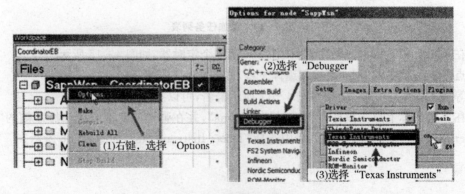

图 4-18 选择调试驱动

点击"Download and Debug"按钮,如图 4-19 所示。

图 4-19 下载并进入调试状态

等程序下载完毕后,点击"Go"按钮,使程序开始运行,如图 4-20 所示。

图 4-20 运行程序

观察协调器节点上的 D8 所代表的 LED 灯闪烁情况。

4.3 任务二:ZigBee 2007 协议栈应用

4.3.1 任务分析

【任务目的】

1. 了解基于 ZigBee 2007 协议栈的 SappWsn 应用程序框架工作机制;
2. 认识 ZigBee 2007 协议栈中将节点按照"功能端点"区分的思想。

【任务要求】

在 SappWsn 应用程序框架下编写程序,使得节点成为一个具有测试功能个端点,该端点每隔 3 秒钟向协调器发送一个"Z-Stack for SunplusAPP"的字符串。

4.3.2 支撑知识

一、Z-Stack for SunplusAPP 简介

Z-Stack for SunplusAPP(以下简称 Z-Stack APP)是基于 TI(德州仪器)提供的 ZigBee 2007 协议栈工程 SampleAPP,修改了其应用层代码而得到一个完整的基于 ZigBee 2007 协议栈的 ZigBee 节点开发框架。

1. 端点

在 Z-Stack APP 中,任意一个节点的代码,都以功能为基本单位来设计其代码,而每一个功能都对应于一个端点。例如,对于一个温度传感器节点,"温度"即为其功能,在框架中只需要为"温度"这个功能添加代码即可。对于 ZigBee 协议来说,该功能即是一个端点。

节点之间通信时,目标地址中也包含了端点的信息,表示数据包最终由某个特定的功

能接收到。

2. Z-Stack APP 应用程序框架文件结构

Z-Stack APP 应用程序框架主要包括四个文件：SAPP_FrameWork.c、SAPP_FrameWork.h、SAPP_Device.c 和 SAPP_Device.h。

其中，SAPP_FrameWork.c 定义并实现了标准协议的全部内容，它是应用程序框架的主要组成部分。它为任意节点提供了两个最基本的任务：controlEpProcess 和 functionEpProcess，分别对应于节点的控制端点和其他所有的普通功能端点。SAPP_Framework.h 通常不需要做任何修改。

SAPP_Device.c 为单个节点定义并实现了常见传感器（或执行器）节点的功能，这些传感器（或执行器）可以通过 SAPP_Device.h 文件中的宏定义来选择或禁止。同时，可以同时选择多种传感器（或执行器）。在实现一个具体系统时，只需要修改 SAPP_Device.c 和 SAPP_Device.h 文件，或为其增加功能代码即可。

二、Z-Stack APP 工作流程简介

在 Z-Stack APP 编程框架下，ZigBee 网络中的协调器、路由器和终端节点，都被统一看待。任何一个节点具有的功能，都在 SAPP_Device.c 中定义。

下面是简化的 SAPP_Device.c 文件：

```
#if defined(SAPP_ZSTACK)
#include "SAPP_Device.h"
void testFunc_NwkStateChanged(struct ep_info_t * ep);
void testFunc_NwkStateChanged(struct ep_info_t * ep)
{
// 网络状态变化函数
}
void testFunc_inComeData(struct ep_info_t * ep, uint16 addr, uint8 endPoint,
afMSGCommandFormat_t * msg);
void testFunc_inComeData(struct ep_info_t * ep, uint16 addr, uint8 endPoint,
afMSGCommandFormat_t * msg)
{
// 接收数据处理函数
}
void testFunc_TimeOut(struct ep_info_t * ep);
void testFunc_TimeOut(struct ep_info_t * ep)
{
// 超时处理函数，可以周期性执行
}
void testFunc_ResAvailable(struct ep_info_t * ep, RES_TYPE type, void * res);
void testFunc_ResAvailable(struct ep_info_t * ep, RES_TYPE type, void * res)
```

```
{
    //系统资源变化处理函数
    switch(type)
    {
    case ResInit:
        //在这里可以做需要在初始化阶段做的事情
        break;
    }
}
/*************************************************/
/* 节点功能列表                                    */
/************************ ************************/
struct ep_info_t funcList[] = {
    {
        testFunc_NwkStateChanged,
        testFunc_inComeData,
        testFunc_TimeOut,
        testFunc_ResAvailable,
        { 1, 0, 5 },
    },
};
const uint8 funcCount = sizeof(funcList) / sizeof(funcList[0]);
#endif
```

其中,funcList 是一个数组,其每一个单元代表了该节点具备的一种功能,同时也对应了一个端点。funcList 数组中的单元是一个 ep_info_t 类型的结构体,该结构体的定义如下:

```
struct ep_info_t {
    void ( * nwk_stat_change)(struct ep_info_t * ep);
    void ( * incoming_data)(struct ep_info_t * ep, uint16 addr, uint8 endPoint, afMSGCommandFormat_t * msg);
    void ( * time_out)(struct ep_info_t * ep);
    void ( * res_available)(struct ep_info_t * ep, RES_TYPE type, void * res);
    struct func_info_t function;
    uint8 ep;
    uint8 task_id;
    uint8 timerTick;
    uint8 userTimer;
    endPointDesc_t SampleApp_epDesc;
```

SimpleDescriptionFormat_t simpleDesc;
};

其中各个成员的作用如表 4-01 所示。

表 4-01　ep_info_t 结构体成员说明

成员名	说明
nwk_stat_change	回调函数,当节点加入网络时被调用。 该函数具有一个参数:ep — 指向当前功能的 ep_info_t 结构体。
imcoming_data	回调函数,当该功能对应的端点接收到数据时被调用。 该函数具有四个参数: ep — 指向当前功能的 ep_info_t 结构体 addr — 数据的源地址 endPoint — 数据的源端点 msg — 接收到的数据,它是一个结构体指针,其定义如表 4-02 所示。
time_out	回调函数,当功能刷新周期时间到时被调用。 该函数具有一个参数: ep — 指向当前功能的 ep_info_t 结构体。
res_available	回调函数,当某种资源可用(或特殊事件发生时)被调用。该函数在系统运行期间可能被多次调用,应用程序可以通过判断资源类型来做不同的处理。 该函数具有三个参数: ep — 指向当前功能的 ep_info_t 结构体。 type — 资源或事件类型,其取值参考表 4-03 res — 资源数据,具体参考表 4-03。
function	结构体成员,用来描述功能的特性,它是一个 FUNCINFO 类型的结构体,该结构体的定义参见表 4-04。
ep	端点号。该编号由系统自动填写,用户不能修改。
task_id	任务编号。该编号由系统自动填写,用户不能修改。
timerTick	功能刷新计数器。该成员由系统维护,用户不能修改。
userTimer	用户定时器计数器。该成员由系统维护,用户不能修改。
SampleAPP_epDesc	Z-Stack 所需的端点描述结构体。该成员由系统维护,用户不能修改。
simpleDesc	Z-Stack 所需的描述结构体。该成员由系统维护,用户不能修改。

表 4-02　afMSGCommandFormat_t 结构体定义

成员类型	成员名	说明
typedef struct {		
uint8	TransSeqNumber;	数据包序号
uint16	DataLength;	数据长度(单位:字节)
uint8 *	Data;	数据首地址
} afMSGCommandFormat_t;		

项目四 无线传感器网络技术应用

表 4-03 res_available 回调函数中的资源类型

名称	值	资源数据	调用范围	说明
ResInit	1	NULL	所有功能	系统初始化时产生。用户可以在此时对自己需要使用的资源(如 I/O 口)进行初始化
ResSerial	2	(未定义)	所有功能	串口接收到数据时产生,该类型的资源在现行版本的代码中尚未实现!
ResUserTimer	3	无	注册用户定时器的功能	用户定时器事件到时产生。
ResControlPkg	4	afIncoming-MSGPacket_t *	所有功能	控制端点接收到未定义数据包时产生,在资源数据中包含了接收到的数据包的全部信息

表 4-04 FUNCINFO 结构体定义

成员类型	成员名	说明
typedef struct {		
uint8	type;	功能类型
uint8	id;	功能编号
uint8	cycle;	刷新周期
} FUNCINFO;		

也就是说,当需要为节点增加功能时,只需要在 funcList 数组中添加该功能对应的信息,并编写相应的处理函数即可。

三、Z-Stack APP 函数

Z-Stack APP 框架还为应用程序提供了若干个函数,为应用程序提供发送数据、创建定时器等功能。

1. SendData 函数

函数原型:uint8 SendData(uint8 srcEP,const void * buf,uint16 addr,uint8 dstEP,uint8 Len);

函数说明:发送数据包到指定节点的指定端点

函数参数:srcEP——源端点,通常可以通过 ep_info_t 结构体中的 ep 成员来获取到

　　　　　buf——待发送的数据的首地址

　　　　　addr——目标节点的网络地址

　　　　　dstEP——目标节点的端点

　　　　　Len——待发送数据的长度(单位:字节)

2. CreateUserTimer 函数

函数原型:void CreateUserTimer(struct ep_info_t * ep, uint8 seconds);

函数说明:为端点创建一个用户定时器,该定时器时间到了之后,系统会以 ResUser-

Timer 类型来调用该节点的 res_available 回调函数。注意,该定时器为单次触发。

函数参数:ep——端点数据结构

    seconds——定时时间长度(单位:秒)

3. DeleteUserTimer 函数

函数原型:void DeleteUserTimer(struct ep_info_t * ep);

函数说明:删除为端点创建的用户定时器。定时器可以在任何时刻被删除,无论该定时器有没有被创建过或者触发过,函数都不会引起问题。

函数参数:ep——端点数据结构

4. ModifyRefreshCycle 函数

函数原型:void ModifyRefreshCycle(struct ep_info_t * ep, uint8 seconds);

函数说明:修改功能的刷新周期。

函数参数:ep——端点数据结构

    seconds——新的刷新周期(单位:秒)

四、基于 Z-Stack APP 框架的 ZigBee 网络应用开发

1. 终端节点应用开发

SAPP_Device 相关文件中已经提供了一个基本的终端节点应用,只需要对其进行修改即可。

(1) 功能类型定义

在 SAPP_Device.h 文件中,以枚举类型的方式定义了系统中使用到的功能的类型值,如果需要增加功能类型,直接在这里增加枚举类型名即可,如图 4-21 所示。

同时,这个枚举定义可以复制到网关或上端应用程序代码中,以便可以将无线传感网络中的类型编号与上端应用中的编号统一起来。

```
 9 // 功能类型值定义
10 enum {
11      DevTemp = 1,
12      DevHumm,
13      DevILLum,
14      DevRain,
15      DevIRDist,
16      DevGas,
17      DevSmoke,
18      DevFire,
19      DevIRPers,
20      DevVoice,
21      DevExecuteB,
22      DevExecuteA,
23      DevRemoter,
24      Dev125kReader,  在DevMaxNum之
25      DevSpeaker,     前增加新的功能
26      DevTest,
27      DevMaxNum
28 };
```

图 4-21 功能类型枚举定义

（2）定义节点功能列表

某个特定的节点，其功能数量和类型是已知并且确定的。在 SAPP_Device 相关文件中，定义了两个非常重要的全局变量：funcList 和 funcCount，分别用来存储功能列表和功能数量。

funcList 是一个 struct ep_info_t 类型的结构体数组，数组中的每一个成员均代表一个功能。而 funcCount 是一个整数，表示总的功能数量。

在 funcList 数组中根据功能数量和类型，依次添加每一个功能的初始化信息。funcList 数组中的每一项功能的端点号从 1 开始顺序递增，即：端点号＝该功能在数组中的下标＋1。

下面是一个添加功能初始化信息的程序代码样例：

```
struct ep_info_t funcList[] = {
    // 这是一个典型的功能初始化信息
    {
        NwkStateChangeRoutine,
        IncomingRoutine,
        TimeoutRoutine,
        ResAvailableRoutine,
        { TypeCode, ID, Cycle },    // 注意，TypeCode、ID、Cycle 必须是常量
    },
};
```

根据前面描述的 ep_info_t 结构体的定义可以知道，"{TypeCode, ID, Cycle}"用来为 ep_info_t 中的 function 结构体成员赋值，TypeCode 用来指定该功能的类型，如 DevCoordinator 等；ID 用来定义该功能的编号；Cycle 用来指定该功能的刷新周期，单位为秒。有了这三个信息，即可确定该功能的具体类型。

在初始化信息中，NwkStateChangeRoutine、IncomingRoutine、TimeoutRoutine 和 ResAvailableRoutine 分别代表四个函数：

（1）NwkStateChangeRoutine（函数名可以任意指定）

当节点加入网络完成之后，所有功能的 NwkStateChangeRoutine 函数都将被调用，如功能不需要在这个时期执行动作，则可以设置为 NULL。示例代码如下：

```
void NwkStateChangeRoutine(struct ep_info_t * ep)
{
    // 在这里添加代码，用来在网络状态变化时作出处理
}
```

（2）IncomingRoutine（函数名可以任意指定）

当端点收到数据时，端点对应的 IncomingRoutine 函数将被调用，如功能不需要接收数据，可以将其设置为 NULL。一个典型的接收数据的代码如下：

```
void IncomingRoutine(struct ep_info_t * ep, uint16 addr, uint8 endPoint, afMSGCommandFormat_t * msg)
```

{
　// addr 和 endPoint 分别表示数据包的来源地址和端点
　// msg->Data[]内保存的是接收到的数据,msg->DataLength 表示接收到的数据长度
　// msg->TransSeqNumber 表示数据包顺序编码,一般不需要使用
　// 这里可以处理接收到的数据
}

(3) TimeoutRoutine(函数名可以任意指定)

如果功能的刷新周期不为0,则每隔刷新周期所代表的时间长度,TimeoutRoutine 函数将被调用。通常,在该函数中可以向协调器发送自身的状态信息(如传感器值)。该函数用来实现周期性报告数据的功能。一个典型的超时函数的代码如下:

```
void TimeoutRoutine(struct ep_info_t * ep)
{
    uint8 value = GetSensorValue();      // 示意代码,可以根据实际情况获得数据
    // 发送数据给协调器
    SendData(ep->ep, &value, 0x0000, TRANSFER_ENDPOINT, sizeof(value));
}
```

(4) ResAvailableRoutine(函数名可以任意指定)

ResAvailableRoutine 可以被用来处理一些系统资源或事件。一个典型的资源处理函数的代码如下:

```
void ResAvailableRoutine(struct ep_info_t * ep, RES_TYPE type, void * res)
{
    switch(type)
    {
    case ResInit:
        // 系统初始化阶段执行的代码
        break;
    case ResUserTimer:
        // 当用户定时器事件到时执行的代码
        break;
    case ResControlPkg:
        // 控制端点接收到一个非标准的数据包时执行的代码,可以利用它来做扩展
        break;
    }
}
```

至此,一个完整功能被添加到终端节点内。按照同样的方法,可以为终端节点添加多个功能。

2. 路由器应用开发

在为路由器编写代码时,与上面的过程类似,可以为路由器添加一个或多个功能。需要注意的是,由于路由器的特殊性,在其 funcList 功能列表中,必须包含下面的功能:

```
struct ep_info_t funcList[] = {
    {   // 路由器
        RouterNwkStateChangeRoutine,
        RouterIncomingRoutine,
        RouterTimeoutRoutine,
        RouterResAvailableRoutine,
        { DevRouter,0,30 },
    },
};
```

也就是说,路由器必须至少具备一个类型为 DevRouter 的功能,并且该功能对应的四个回调函数已经在 SAPP_Framework 中定义好,不能随意修改。

该端点的作用是周期发送自身的地址信息给协调器,以便协调器可以维护在线列表。

3. 协调器应用开发

协调器是 ZigBee 网络中最为特殊的、独一无二的节点,其 funcList 不能随意编写,下面给出其典型定义:

```
struct ep_info_t funcList[] = {
    {   // 协调器
        CoordinatorNwkStateChangeRoutine,
        CoordinatorIncomingRoutine,
        CoordinatorTimeoutRoutine,
        CoordinatorResAvailableRoutine,
        { DevCoordinator, 0, 0 },
    },
};
```

作为协调器,其 funcList 中的第一个功能必须是 DevCoordinator,并且其四个回调函数也已经在 SAPP_Framework 中定义好,不得随意修改。该功能的作用是将其他节点发送至该端点的数据透传至串口。

需要注意的是,在 Z-Stack APP 应用程序框架中提供的 SAPP_Device.c 和 SAPP_Device.h 文件中,已经将常见的传感器的功能定义好,在实际使用过程中,针对这些常见传感器,用户只需要修改 SAPP_Device.h 文件中的宏定义,即可使能或禁止某个功能,如图 4-22 所示。

```
30 #if !defined( ZDO_COORDINATOR ) && !defined( RT
31 // 节点功能定义
32 //#define HAS_GAS              // 瓦斯传感器
33 #define HAS_TEMP               // 温度传感器
34 #define HAS_HUMM               // 湿度传感器
35 //#define HAS_RAIN             // 雨滴传感器
36 //#define HAS_FIRE             // 火焰传感器
37 //#define HAS_SMOKE            // 烟雾传感器
38 //#define HAS_ILLUM            // 光照度传感器
39 //#define HAS_IRPERS           // 人体红外传感器
40 //#define HAS_IRDIST           // 红外测距传感器
41 //#define HAS_VOICE            // 语音传感器，
42 //#define HAS_EXECUTEB         // 执行器
43 //#define HAS_EXECUTEA
44 //#define HAS_REMOTER          // 红外遥控
45 //#define HAS_TESTFUNCTION
46 //#define HAS_125KREADER
47 //#define HAS_SPEAKER
48 #endif
```

说明框：
1. 支掉宏定义的注释，即或让节点具备该功能
2. 可以同时打开多个功能

图 4-22 SAPP_Device.h 功能配置

五、ZigBee 网络终端节点添加功能程序代码样例

样例要求在 ZigBee 网络终端节点上添加一个"功能"，其主要作用就是周期性的通过串口输出字符串"Z-Stack for SunplusAPP"。

首先需要在 SAPP_Device.h 文件中的枚举类型中新增一个功能类型，如图 4-23 所示。

```
 9 // 功能类型值定义
10 enum {
11       DevTemp = 1,
12       DevHumm,
13       DevILLum,
14       DevRain,
15       DevIRDist,
16       DevGas,
17       DevSmoke,
18       DevFire,
19       DevIRPers,
20       DevVoice,
21       DevExecuteB,
22       增加一个功能类型
23       DevRemoter,
24       Dev125kReader,
25       DevSpeaker,
26       DevTest,
27       DevMaxNum
28 };
```

图 4-23 增加功能类型

项目四 无线传感器网络技术应用

同时,在下面的"#if! defined(ZDO_COORDINATOR) && ! defined(RTR_NWK)"和"#endif"之间添加一个新的宏定义,以便可以在编译时在多种功能之间方便做出选择,如图4-24所示。

```
30 #if !defined( ZDO_COORDINATOR ) && !defined( RTR_NWK )
31 //,节点功能定义
32 //#define HAS_GAS             // 瓦斯传感器
33 //#define HAS_TEMP            // 温度传感器
34 //#define HAS_HUMM            // 湿度传感器
35 //#define HAS_RAIN            // 雨滴传感器
36 //#define HAS_FIRE            // 火焰传感器
37 //#define HAS_SMOKE           // 烟雾传感器
38 //#define HAS_ILLUM           // 光照度传感器
39 //#define HAS_IRPERS          // 人体红外传感器
40 //#define HAS_IRDIST          // 红外测距传感器
41 //#define HAS_VOICE           // 语音传感器,修改HA.
42 //#define HAS_EXECUTEB        // 执行器
43 //#define HAS_EXECUTEA        // 模拟执行器(预留扩展)
44 //#define HAS_REMOTER         // 红外遥控(预留扩展)
45 #define HAS_TESTFUNCTION      // 虚拟功能
46 //#define HAS_125KREADER      // 125K电子标签阅读器
47 //#define HAS_SPEAKER         // 语音报警器
48 #endif
```

图4-24 添加宏定义

然后在SAPP_Device.c文件中,根据需要编写相应的处理函数。在本样例中需要编写超时处理函数,以便可以周期性完成发送字符串的功能,如图4-25所示代码。

```
292 #if defined(HAS_TESTFUNCTION)
293 #define TEST_STRING     "Z-Stack for SunplusAPP"
294 void testFunc_TimeOut(struct ep_info_t *ep);
295 void testFunc_TimeOut(struct ep_info_t *ep)
296 {
297     SendData(ep->ep, TEST_STRING, 0x0000, TRANSFER_ENDPOINT,
298             sizeof(TEST_STRING) - 1);
299 }
300 #endif
```

图4-25 添加虚拟功能对应的函数

该函数完成的功能非常简单,利用Z-Stack APP提供的SendData函数,发送TEST_STRING字符串到协调器的透明传输端点,协调器的透明传输端点则将会把该字符串通过串口传递到外部。最后,在funcList数组中的任意位置,添加功能信息,如图4-26所示代码。

```
387 /*****************************
388 /* 节点功能列表  在funcList数组中的某个位置添加代码
389 /*****************************
390 struct ep_info_t funcList[] = {
470 #if defined(HAS_TESTFUNCTION)
471     {
472         NULL,
473         NULL,
474         testFunc_TimeOut,
475         NULL,
476         { DevTest, 0, 3 },
477     },
478 #endif
```

图4-27 在 funcList 数组中添加功能信息

4.3.3 任务同步训练

本任务训练需要用到两个节点：一个作为协调器，另一个作为测试节点（在任务训练中使用路由器节点来担任此角色），定期发送字符串给协调器。

1. 设备连接

首先使用 Mini USB 延长线将协调器的 Mini USB 接口连接至计算机的 USB 接口，如图 4-27 所示。

图 4-27 将协调器的串口连接至 PC 机

将调试器一端使用 USB A-B 延长线连接至计算机的 USB 接口，另一端的 10pin 排线连接到实训平台左下角的调试接口，如图 4-28 所示。

项目四 无线传感器网络技术应用

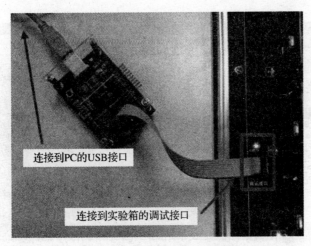

图 4-28 程序下载硬件连接图

将实训平台右上角的开关拨至"旋钮节点选择"一侧，如图 4-29 所示。

图 4-29 选择节点调试控制模式

转动实训平台左下角的旋钮，使得协调器旁边的 LED 灯被点亮，如图 4-30 所示。

图 4-30 调整调试节点

2. 程序编辑与调试

在 IAR 集成开发环境平台上打开 Z-Stack APP 样例工程文件 SappWsn.eww，如图 4-31 所示。

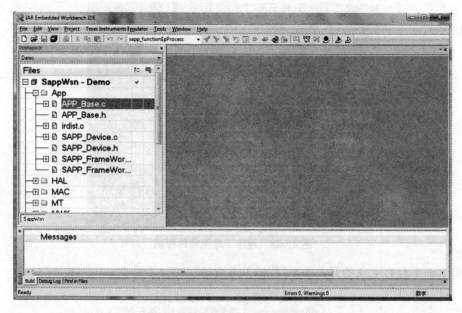

图4-31 打开SappWsn工程文件

在"Tools"组中,找到"f8wConfig.cfg"文件,双击打开,并找到"-DZAPP_CONFIG_PAN_ID=0xFFFF",将其中的"0xFFFF"修改为其他值,例如"0x0010",需要注意的是,每一个实训平台应当修改为不一样的PAN_ID,如图4-32所示。

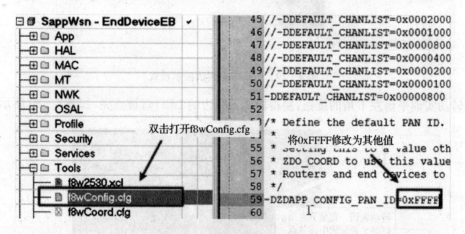

图4-32 修改ZigBee网络ID

在工程目录结构树上方的下拉列表中,选择"CoordinatorEB",如图4-33所示。

点击工具栏中的"Make"按钮编译工程,如图4-34所示。

等待工程编译完成,出现如图4-35所示的警告,可以忽略。

在工程名称上点击鼠标右键,选择"Options",并在弹出的对话框中选择左侧的"Debugger",并在右侧的"Driver"列表中选择"Texas Instruments",如图4-36所示。

点击"Download and Debug"按钮,如图4-37所示。

项目四　无线传感器网络技术应用

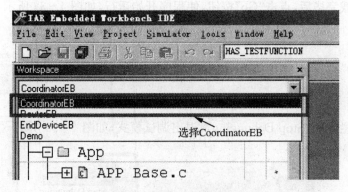

图4-33　选择"CoordinatorEB"

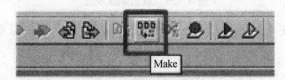

图4-34　编译工程

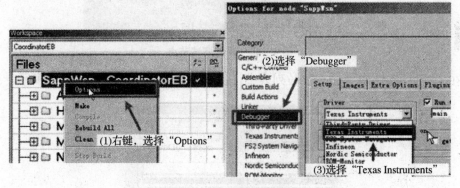

图4-35　地址映射警告

图4-36　选择调试驱动

图4-37　下载并进入调试状态

等程序下载完毕后,点击"Go"按钮,使程序开始运行,如图4-38所示。

图4-38 运行程序

点击工具栏中的"Stop Debugging",退出调试模式,如图4-39所示。

图4-39 退出调试模式

转动实训平台左下角的旋钮,使得路由器旁边的节点指示灯被点亮,如图4-40所示。

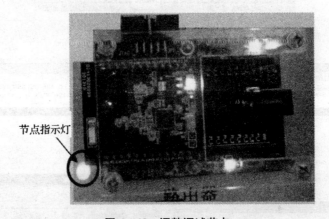

图4-40 调整调试节点

在工程目录结构树上方的下拉列表中,选择"EndDeviceEB",如图4-41所示。

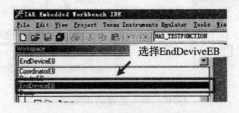

图4-41 选择"EndDeviceEB"

在"SAPP_Device.h"文件中,取消"HAS_TESTFUNCTION"的注释,并保证其他的功能均被注释,如图4-42所示。

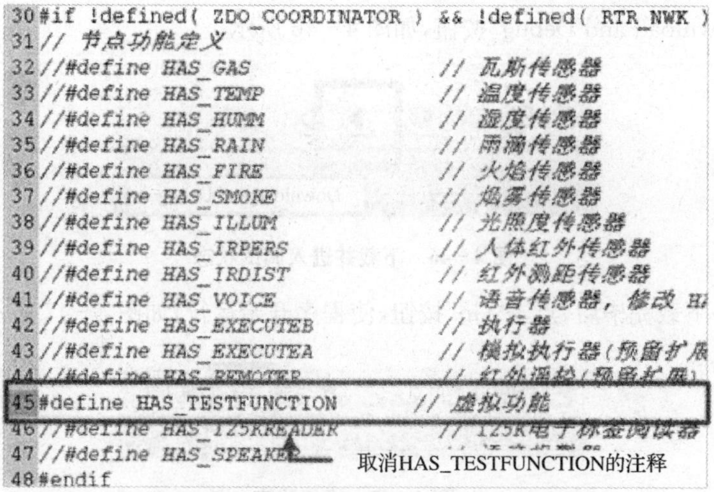

项目四 无线传感器网络技术应用

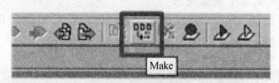

图 4-42 取消 HAS_TESTFUNCTION 注释

点击工具栏中的"Make"按钮编译工程,如图 4-43 所示。

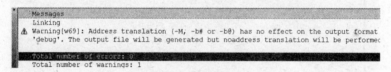

图 4-43 编译工程

等待工程编译完成,出现如图 4-44 所示的警告,可以忽略。

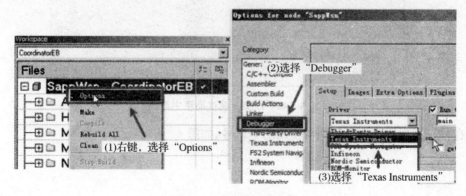

图 4-44 地址映射警告

在工程名称上点击鼠标右键,选择"Options",并在弹出的对话框中选择左侧的"Debugger",并在右侧的"Driver"列表中选择"Texas Instruments",如图 4-45 所示。

图 4-45 选择调试驱动

· 149 ·

点击"Download and Debug"按钮,如图4-46所示。

图4-46 下载并进入调试状态

等待程序下载完毕后,点击"Go"按钮,使程序开始运行,如图4-47所示。

图4-47 运行程序

此时测试节点的两个LED灯同时闪烁,表示正确加入到协调器组建的ZigBee网络。

3. 利用ZigBee调试助手观察结果

本任务训练需要借助ZigBee调试助手软件观察结果,可以使用ZSAPP Assistant。把此软件安装到计算机上,然后按照如图4-48所示设置参数。

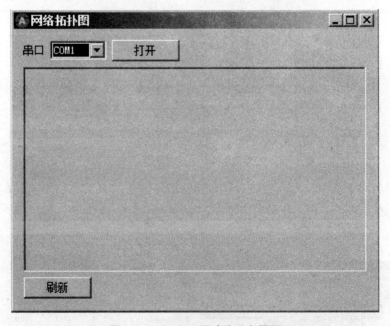

图4-48 ZigBee调试助手主界面

在"串口"列表中选择协调器使用的串口号,如图4-49所示。

项目四　无线传感器网络技术应用

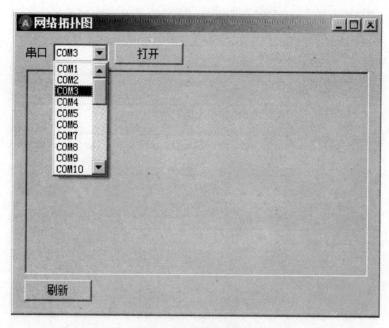

图 4-49　选择串口

点击"打开"按钮,启动 ZigBee 网络助手,等待片刻,可以看到如图 4-50 所示的界面,主界面中显示的是 ZigBee 网络的拓扑结构,其中没有名称的红色节点即为测试节点。

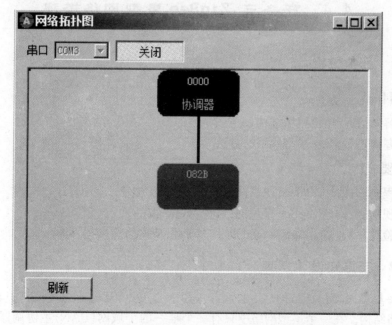

图 4-50　ZigBee 调试助手中显示的 ZigBee 网络拓扑结构

点击没有名称的红色节点,可以打开如图 4-51 所示的节点详细信息界面。

图 4-51　测试节点信息页面

在"最近的数据"一栏,可以看到测试节点发送过来的数据。

4.4　任务三:ZigBee 星型网络搭建

4.4.1　任务分析

【任务目的】

1. 了解 ZigBee 星型网络结构;
2. 掌握构建 ZigBee 星型网络的方法。

【任务要求】

1. 编程要求:使用 ZigBee 协议栈提供的 API 函数编写应用程序;
2. 实现功能:构建 ZigBee 星型网络进行数据通信;
3. 实验现象:通过"ZigBee 调试助手"查看星型网络连接拓扑图。

4.4.2　支撑知识

ZigBee 星型网络拓扑结构是用协调器作为中心节点,其他节点直接和中心节点相连构成的网络结构。在一个星型网络中只有一个唯一的个域网(PAN)主协调器,通过选择一个个域网标识符(PAN ID)确保网络的唯一性,主要应用与网络结构比较简单,网络传输距离比较短的情况下使用。

ZigBee 星型网络构建通过设置网络中各个终端节点的网络拓扑参数,使协调器建立一个ZigBee星型网。其他终端节点连接到网络时,直接以协调器节点作为父节点,如图4-52所示。

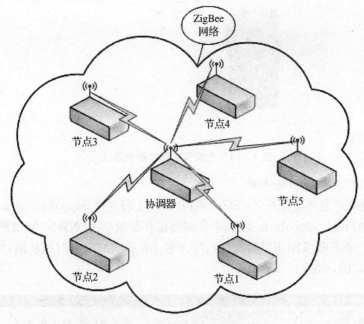

图4-52 星型网络结构图

4.4.3 任务同步训练

1. 设备连接

将调试器一端使用USB A-B延长线连接至计算机的USB接口,另一端的10pin排线连接到实训平台左下角的调试接口,如图4-53所示。

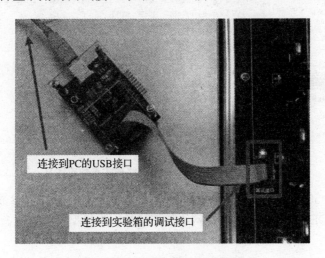

图4-53 程序下载硬件连接图

将实训平台右上角的开关拨至"旋钮节点选择"一侧,如图 4-54 所示。

图 4-54 选择节点调试控制模式

2. 设置 ZigBee 星型网络参数

在 IAR 集成开发环境打开 Z-Stack APP 样例工程文件 SappWsn.eww,双击工程目录下 NWK 中的 nwk_globals.h 文件,看到网络拓扑形状是由"NWK_MODE_STAR"(星型网)、"NWK_MODE_TREE"(树状网)、"NWK_MODE_MESH"(网状网)3 个宏定义作为网络参数确定的,如图 4-55 所示。

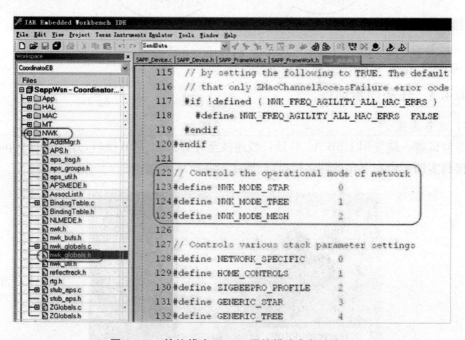

图 4-55 协议栈中 ZigBee 网络模式参数宏定义

按照如图 4-56 所示修改 ZigBee 终端节点组网的网络拓扑结构参数,将图示部分修改为"NWK_MODE_STAR"即规定了网络的拓扑结构为星型连接方式。

项目四 无线传感器网络技术应用

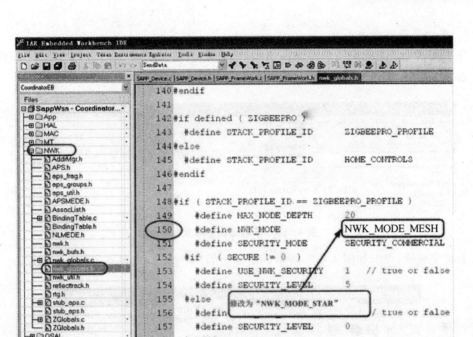

图 4-56 修改网络拓扑为星型网

3. 协调器节点程序下载

使用实训平台上的旋钮选中协调器节点；在 IAR 集成开发环境选择"Coordinator-EB"，单击下载图标，如图 4-57 所示。

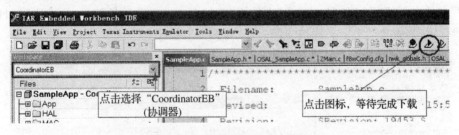

图 4-57 下载协调器节点程序

下载完成后，点击如图 4-58 所示调试界面的"全速运行"，再点击"退出调试"按钮。

图 4-58 在线调试图标

4. 路由器节点程序下载

使用实训平台上的旋钮选中路由器节点；在 IAR 集成开发环境选择"RouterEB"，然后单击下载图标，等待完成下载，如图 4-59 所示。

图 4-59 下载路由器节点程序

下载完成后，点击如图 4-60 所示调试界面的"全速运行"，再点击"退出调试"。

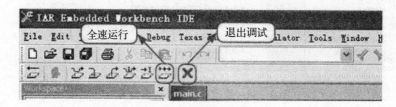

图 4-60 在线调试图标

5. 添加火焰传感器节点

使用实训平台上的旋钮选中火焰传感器节点；在 IAR 集成开发环境中打开工程目录"APP"文件夹下的"SAPP_Device.h"文件，修改如图 4-61 所示的部分，使宏定义"HAS_FIRE"有效，其他功能宏定义均被注释(无效)，即向节点添加了火焰检测功能。

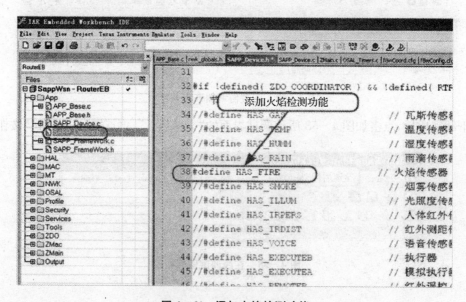

图 4-61 添加火焰检测功能

按照如图4-62所示，选择"EndDeviceEB"，然后点击下载图标，等待完成下载。

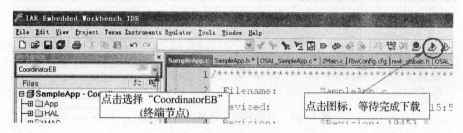

图4-62 下载火焰传感器节点程序

下载完成后，点击如图4-63所示调试界面的"全速运行"，再点击"退出调试"。

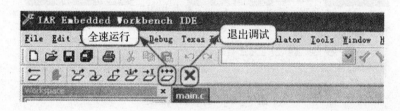

图4-63 在线调试图标

6．添加温湿度传感器节点

使用实训平台上的旋钮选中温湿度传感器节点；在IAR集成开发环境中打开工程目录"APP"文件夹下的"SAPP_Device.h"文件，修改如图4-64所示的部分，使宏定义"HAS_TEMP"和"HAS_HUMI"有效，其他功能宏定义均被注释（无效），即向节点添加了温度和湿度检测功能。

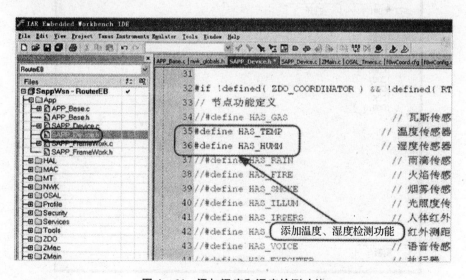

图4-64 添加温度和湿度检测功能

按照如图4-65所示，选择"EndDeviceEB"，然后点击下载图标，等待完成下载。

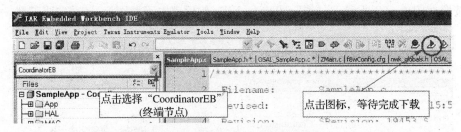

图 4-65 下载温湿度传感器节点程序

下载完成后,点击如图 4-66 所示调试界面的"全速运行",再点击"退出调试"。

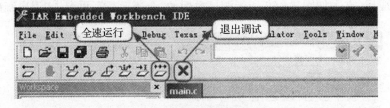

图 4-66 在线调试图标

重复上述步骤,可以添加其他传感器节点到 ZigBee 网络中。

7. 结果信息观察

使用 Mini USB 延长线连接协调器节点的串口和计算机的 USB 口。

打开 ZigBee 调试助手,按照如图 4-67 所示选择设备连接使用的端口。

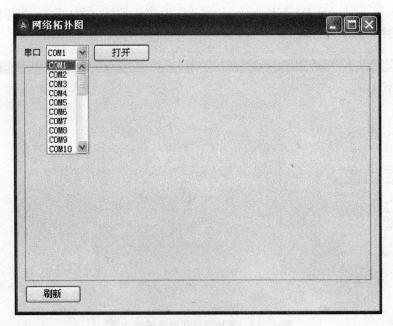

图 4-67 选择端口

然后点击"打开"按钮,出现如图 4-68 所示的网络拓扑结构图。

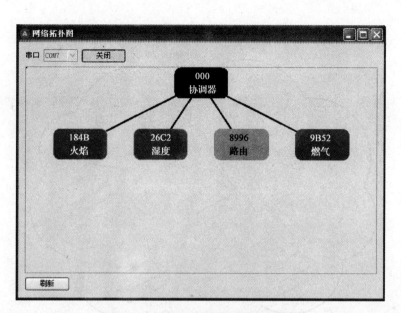

图 4-68 ZigBee 星型网络拓扑结构图

4.5 任务四:ZigBee 树状网络搭建

4.5.1 任务分析

【实验目的】

1. 了解 ZigBee 树状网络结构;
2. 掌握构建 ZigBee 树状网络的方法。

【实验要求】

1. 编程要求:使用 ZigBee 协议栈提供的 API 函数编写应用程序;
2. 实现功能:构建 ZigBee 树状网络进行数据通信;
3. 实验现象:通过 ZigBee 调试助手查看树状网络连接拓扑图。

4.5.2 支撑知识

ZigBee 树状网络拓扑结构是用协调器作为中心节点,路由节点作为子节点,终端节点可以直接跟中心节点相连,也可以与路由节点进行相连。跟星型网络结构相比,树状网络的节点易于扩充、故障隔离较容易。ZigBee 树状网络主要应用在网络节点相对复杂、网络控制区域较远的情况下。

ZigBee 树状网络构建通过设置网络中各个节点的网络拓扑参数,使协调器建立一个 ZigBee 树状网。其他终端节点连接到网络时,以协调器节点或者路由器节点作为父节点,构成树状网络拓扑结构,如图 4-69 所示。

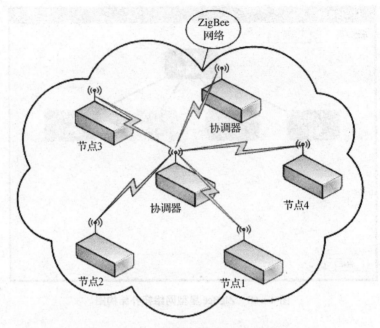

图 4-69　树状网络结构图

4.5.3　任务同步训练

1. 设备连接

将调试器一端使用 USB A-B 延长线连接至计算机的 USB 接口,另一端的 10pin 排线连接到实训平台左下角的调试接口,如图 4-70 所示。

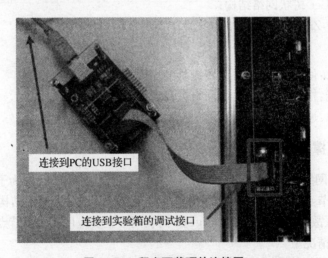

图 4-70　程序下载硬件连接图

将实训平台右上角的开关拨至"旋钮节点选择"一侧,如图 4-71 所示。

项目四 无线传感器网络技术应用

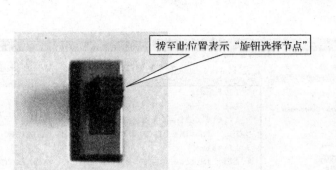

图 4-71 选择节点调试控制模式

2. 设置 ZigBee 树状网络参数

在 IAR 集成开发环境打开 Z-Stack APP 样例工程文件 SappWsn.eww，双击工程目录下 NWK 中的 nwk_globals.h 文件，看到网络拓扑形状是由如图 4-72 所示的"NWK_MODE_STAR"（星型网）、"NWK_MODE_TREE"（树状网）、"NWK_MODE_MESH"（网状网）3 个宏定义作为网络参数确定的。

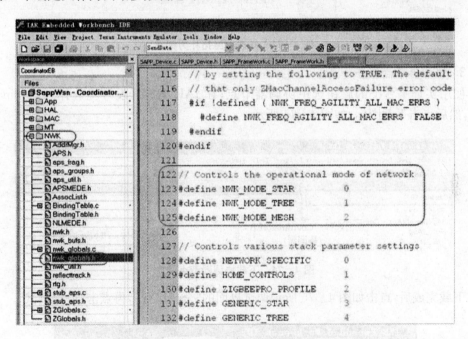

图 4-72 协议栈中 ZigBee 网络模式参数宏定义

按照如图 4-73 所示修改 ZigBee 节点组网的网络拓扑结构参数，将图示部分修改为"NWK_MODE_TREE"即规定了网络的拓扑结构为树状连接方式。

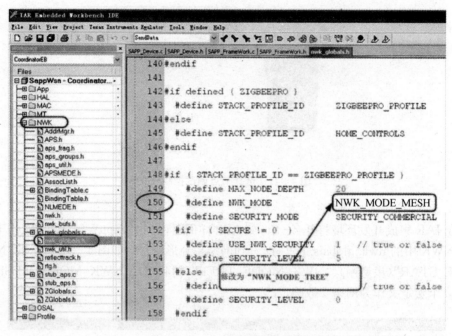

图 4-73 修改网络拓扑为树状

3. 协调器节点程序下载

使用实训平台上的旋钮选中协调器节点；在 IAR 集成开发环境选择"Coordinator-EB"，然后点击下载图标，如图 4-74 所示。

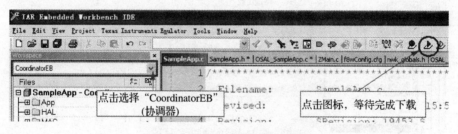

图 4-74 下载协调器节点程序

下载完成后，点击如图 4-75 所示调试界面的"全速运行"，再点击"退出调试"。

图 4-75 在线调试图标

4. 路由器节点程序下载

使用实训平台上的旋钮选中路由器节点；在 IAR 集成开发环境选择"RouterEB"，然后点击下载图标,等待完成下载,如图 4-76 所示。

图 4-76　下载路由器节点程序

下载完成后，点击如图 4-77 所示调试界面的"全速运行"，再点击"退出调试"。

图 4-77　在线调试图标

5. 添加火焰传感器节点

使用实训平台上的旋钮选中火焰传感器节点；在 IAR 集成开发环境打开工程目录"APP"文件夹下的"SAPP_Device.h"文件,修改如图 4-78 所示的部分,使宏定义"HAS_FIRE"有效,其他功能宏定义均被注释（无效），即向节点添加了火焰检测功能。

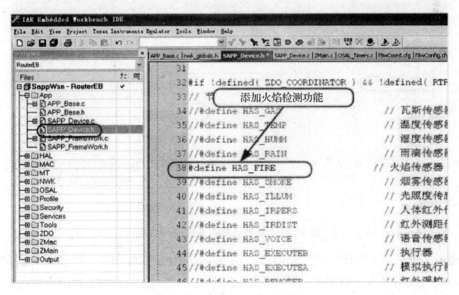

图 4-78　添加火焰检测功能

按照如图 4-79 所示，选择"EndDeviceEB"，然后点击下载图标，等待完成下载。

图 4-79　下载火焰传感器节点程序

下载完成后，点击如图 4-80 所示调试界面的"全速运行"，再点击"退出调试"。

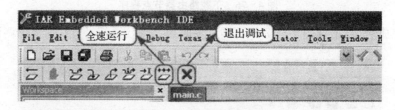

图 4-80　在线调试图标

6. 添加温湿度传感器节点

在 IAR 集成开发环境打开工程目录"APP"文件夹下的"SAPP_Device.h"文件，修改如图 4-81 所示的部分，使宏定义"HAS_TEMP"和"HAS_HUMI"有效，其他功能宏定义均被注释（无效），即向节点添加了温度和湿度检测功能。

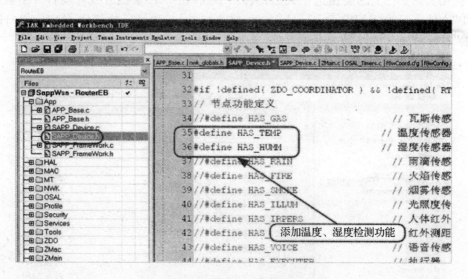

图 4-81　添加温度和湿度检测功能

使用实训平台上的旋钮选中温湿度传感器节点，并按照如图 4-82 所示，选择"EndDeviceEB"，然后点击下载图标，等待完成下载。

项目四　无线传感器网络技术应用

图 4-82　下载温湿度传感器节点程序

下载完成后,点击如图 4-83 所示调试界面的"全速运行",再点击"退出调试"。

图 4-83　在线调试图标

重复上述步骤,可以添加其他传感器节点到 ZigBee 网络中。

7. 结果信息观察

使用 Mini USB 延长线连接协调器节点的串口和计算机的 USB 口,打开 ZigBee 调试助手,按照如图 4-84 所示选择设备连接使用的端口。

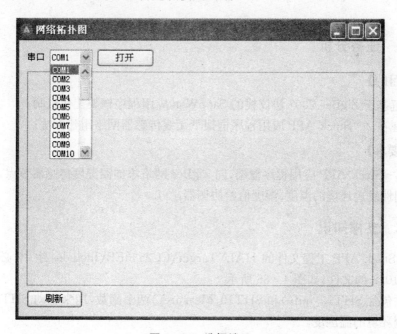

图 4-84　选择端口

然后点击"打开"按钮,出现如图 4-85 所示网络拓扑结构图。

· 165 ·

注意:因为所有节点固定在实训平台上,距离比较近,可能会出现节点都直接连接到协调器上,属于正常现象。

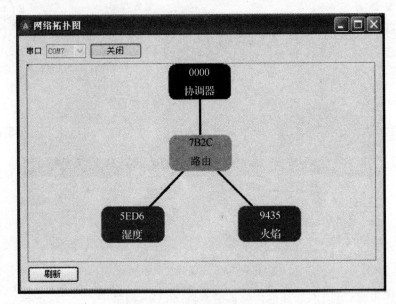

图4-85　ZigBee网络拓扑结构图

4.6　任务五:传感器的无线通信

4.6.1　任务分析

【任务目的】

1. 了解基于 ZigBee 2007 协议栈的 SappWsn 应用程序框架工作机制;
2. 掌握在 Z-Stack APP 应用程序框架下无线传感器网络组建方法。

【任务要求】

利用 Z-Stack APP 应用程序框架,向 ZigBee 网络添加温湿度传感器节点,使得该节点可以周期性发送环境的温度、湿度值给协调器。

4.6.2　支撑知识

在 Z-Stack APP 工程文件的 HAL\Target\CC2530EB\Includes 组中,必须添加一个名为 sht10.h 的文件,如图 4-86 所示。

该文件包含 SHT10_init()和 SHT10_Measure()两个函数,用来驱动 SHT10 温湿度传感器检测环境的温湿度。

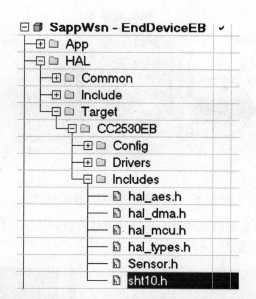

图4-86 驱动程序头文件

1. SHT10_init()

函数原型:void SHT10_init(unsigned int Initial_Reg);

功能:初始化 SHT10 传感器

参数:Initial_Reg——寄存器初始值,通常为 0x01

返回值:无

2. SHT10_Measure()

函数原型:unsigned char SHT10_Measure(unsigned int * p_value,unsigned char * p_checksum, unsigned char mode);

功能:获取 SHT10 传感器的输出值

参数:p_value——用来保存 SHT10 传感器的输出值的变量的地址

　　　p_checksum——用来保存 SHT10 传感器的输出值校验和的变量的地址

　　　mode——用来确定输出值类型,可选择有:

　　　　　　TEMPERATURE 表示输出温度

　　　　　　HUMIDITY 表示输出湿度

返回值:成功返回 0,失败返回其他值

4.6.3 任务同步训练

本任务训练需要用到两个节点,一个是协调器,另一个是温湿度传感器节点。温湿度传感器节点负责定期发送环境的温湿度值给协调器。

1. 硬件连接

用 Mini USB 延长线将协调器的 Mini USB 接口连接至计算机的 USB 接口,如图 4-87 所示。

图4-87 将协调器的串口连接至PC机

使用USB A-B延长线将调试器一端连接至计算机的USB接口,另一端连接到实训平台左下角的调试接口,如图4-88所示。

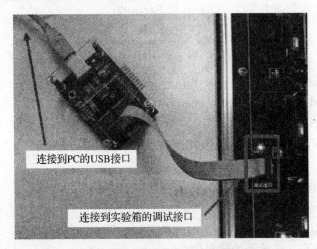

图4-88 程序下载硬件连接图

将实训平台右上角的开关拨至"旋钮节点选择"一侧,如图4-89所示。

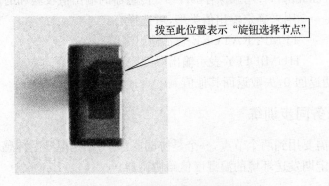

图4-89 选择节点调试控制模式

2. 修改ZigBee网络ID

打开Z-Stack APP样例工程文件SappWsn.eww,如图4-90所示。

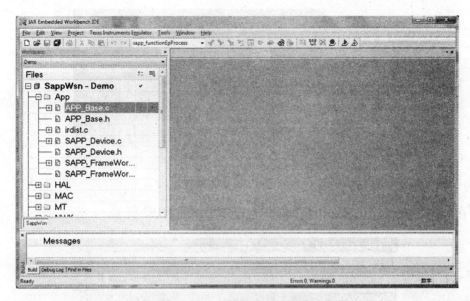

图4-90 打开SappWsn工程

在"Tools"组中,找到"f8wConfig.cfg"文件,双击打开,并找到这行:"-DZAPP_CONFIG_PAN_ID=0xFFFF",将其中的"0xFFFF"修改为其他值,例如"0x0010",如图4-91所示。

注意:每一个实训平台应当修改为不一样的PAN_ID。

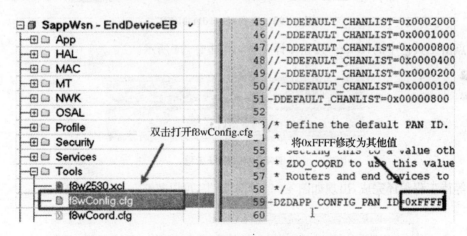

图4-91 修改ZigBee网络ID

3. 协调器节点程序下载

转动实训平台左下角的旋钮,使得协调器旁边的LED灯被点亮,如图4-92所示。

图 4-92 调整调试节点

在 IAR 集成开发环境选择"CoordinatorEB",如图 4-93 所示。

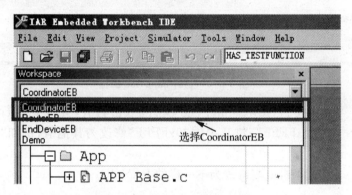

图 4-93 选择"CoordinatorEB"

点击工具栏中的"Make"按钮编译工程,如图 4-94 所示。

图 4-94 编译工程

等待工程编译完成,出现如图 4-95 所示警告,可以忽略。

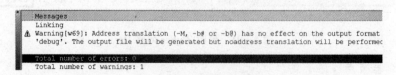

图 4-95 地址映射警告

在工程名称上点击鼠标右键,选择"Options",并在弹出的对话框中选择左侧的"Debugger",并在右侧的"Driver"列表中选择"Texas Instruments",如图 4-96 所示。

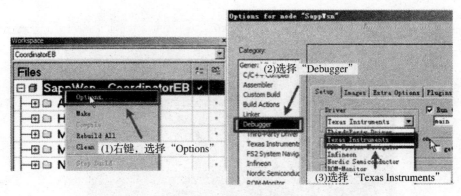

图4-96 选择调试驱动

点击"Download and Debug"按钮,如图4-97所示。

图4-97 下载并进入调试状态

等待程序下载完毕后,点击"Go"按钮,使程序开始运行,如图4-98所示。

图4-98 运行程序

点击工具栏中的"Stop Debugging",退出调试模式,如图4-99所示。

图4-99 退出调试模式

4. 温湿度传感器节点程序下载

转动实训平台左下角的旋钮,使得温湿度传感器节点旁边的LED灯被点亮,如图4-100所示。

在IAR集成开发环境选择选择"EndDeviceEB",如图4-101所示。

图 4-100 调整调试节点

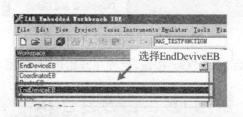

图 4-101 选择"EndDeviceEB"

在"SAPP_Device.h"文件中,取消"HAS_TEMP"以及"HAS_HUMM"的注释,并保证其他的功能均被注释,如图 4-102 所示。

```
30 #if !defined( ZDO_COORDINATOR ) && !defined( RTR_NWK )
31 // 节点功能定义
32 //#define HAS_GAS           // 瓦斯传感器
33 #define HAS_TEMP            // 温度传感器
34 #define HAS_HUMM            // 湿度传感器
35 //#define HAS_RAIN          // 雨滴传感器
36 //#define HAS_FIRE          // 火焰传感器
37 //#define HAS_SMOKE         取消HAS_TEMP以及 器
38 //#define HAS_ILLUM         HAS_HUMM注释    传感器
39 //#define HAS_IRPERS        // 人体红外传感器
40 //#define HAS_IRDIST        // 红外测距传感器
41 //#define HAS_VOICE         // 语音传感器,修改 HAL_UA
42 //#define HAS_EXECUTEB      // 执行器
43 //#define HAS_EXECUTEA      // 模拟执行器(预留扩展)
44 //#define HAS_REMOTER       // 红外遥控(预留扩展)
45 //#define HAS_TESTFUNCTION  // 虚拟功能
46 //#define HAS_125KREADER    // 125K电子标签阅读器
47 //#define HAS_SPEAKER       // 语音报警器
48 #endif
```

图 4-102 取消 HAS_TEMP 和 HAS_HUMM 的注释

点击工具栏中的"Make"按钮编译工程,如图 4-103 所示。

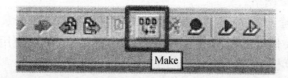

图 4-103　编译工程

等待工程编译完成,如出现图 4-104 所示警告,可以忽略。

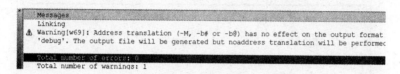

图 4-104　地址映射警告

在工程名称上点击鼠标右键,选择"Options",并在弹出的对话框中选择左侧的"Debugger",并在右侧的"Driver"列表中选择"Texas Instruments",如图 4-105 所示。

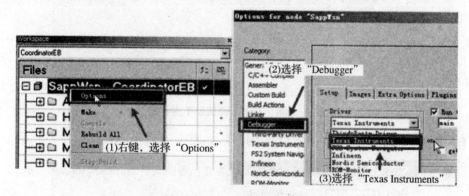

图 4-105　选择调试驱动

点击"Download and Debug"按钮,如图 4-106 所示。

图 4-106　下载并进入调试状态

等待程序下载完毕后,点击"Go"按钮,使程序开始运行,如图 4-107 所示。

图 4-107　运行程序

稍等片刻,可以观察到温湿度传感器节点的两个 LED 灯同时闪烁,表示正确加入到协调器组建的 ZigBee 网络。

5. 观察信息传输结果

本任务训练需要借助 ZigBee 调试助手软件观察结果,可以使用 ZSAPP Assistant。把此软件安装到计算机上,然后按照如图 4-108 所示设置参数。

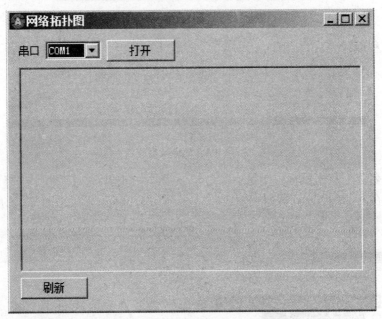

图 4-108　ZigBee 调试助手主界面

在"串口"列表中选择协调器使用的串口号,如图 4-109 所示。

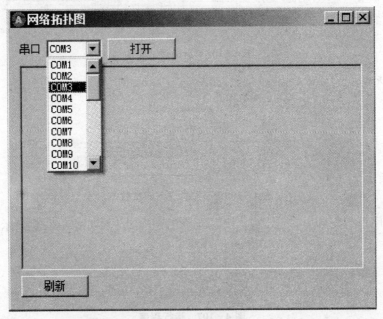

图 4-109　选择串口

点击"打开"按钮，启动 ZigBee 网络助手，等待片刻，出现如图 4-110 所示界面。主界面中显示的是 ZigBee 网络的拓扑结构，标有"湿度"的红色节点即为温湿度传感器节点。

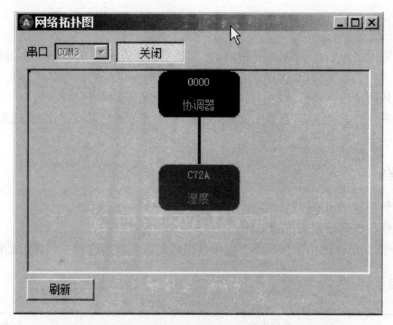

图 4-110　ZigBee 调试助手中显示的 ZigBee 网络拓扑结构

点击温湿度传感器节点，可以打开如图 4-111 所示的节点详细信息界面。

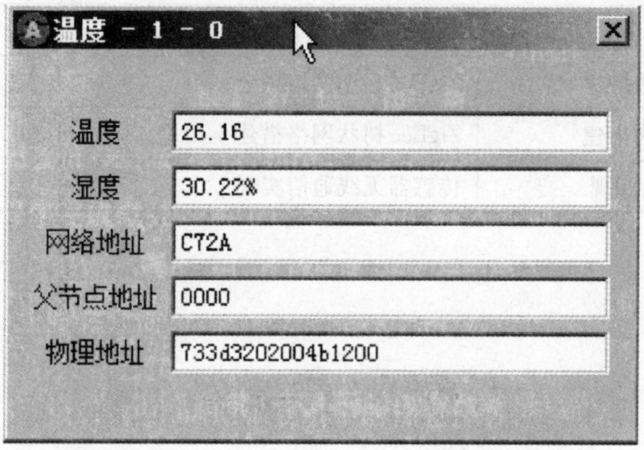

图 4-111　温湿度传感器节点信息页面

在"温度"和"湿度"两栏，可以分别显示当前环境的温度和湿度。

4.7 自主训练

一、实训项目

(1) 利用雨滴传感器节点、烟雾传感器节点、光照度传感器节点等组成 ZigBee 星型网络。

(2) 利用雨滴传感器节点、烟雾传感器节点等组成 ZigBee 树状网络。

(3) 实现红外测距传感器节点无线通信,使得该节点可以周期性发送距离值给协调器。

二、理解与思考

(1) 如何搭建 ZigBee 网状网络?
(2) 无线传感网的组成机构是什么?
(3) 基于 ZigBee 通信的传感器节点硬件组成应该包括哪些?它们作用是什么?

三、自我评价

评价内容		评价			
学习目标	评价项目	优	良	中	差
熟悉 ZigBee 2007 协议栈建立	ZigBee 2007 协议栈建立				
熟悉 ZigBee 2007 协议栈应用	ZigBee 2007 协议栈应用				
熟悉 ZigBee 星型网络搭建	ZigBee 星型网络搭建				
熟悉 ZigBee 树状网络搭建	ZigBee 树状网络搭建				
熟悉传感器无线通信实现	传感器无线通信实现				

项目五 综合项目实战

拟实现的能力目标

N5.1 能够综合利用物联网传感技术完成控制系统设计；
N5.2 能够完成基于传感技术的控制系统实施。

须掌握的知识内容

Z5.1 掌握传感器技术实用要求；
Z5.2 掌握 ZigBee 无线网络组建要求。

本单元包含2个学习任务：
任务1：基于物联网的自习室节能控制系统。

5.1 任务一：基于物联网的自习室节能控制系统

5.1.1 任务分析

【任务目的】

1. 利用物联网传感技术实现自习室节能控制系统；
2. 学习物联网传感技术在节能减排方面的简单应用。

【任务要求】

1. 以自习室的灯作为控制对象，实现自动控制和节能目的；
2. 系统可以自主判断自习室有没有人、监测自习室内的光照强度；
3. 系统通过以上两步判断自动控制自习室内是否开灯，在有人且光照较暗的情况下自动开灯，在自习室没人，或光照已经比较好的情况下自动关灯，达到节能目的。

5.1.2 支撑知识

一、控制系统组成

自习室节能控制系统针对自习室的灯进行控制，系统判断自习室内有没有人和光照强度进行自动控制。所以首先需要检测自习室内有没有人,和自习室内的光照情况,根据检测结果判断是开灯还是关灯,然后对灯的开关进行控制,仅在自习室内有人且光照强度较差的情况下开灯,即可完成自动控制和节能。整个系统由光照度检测部分、人员检测部分、数据处理部分和灯开关控制部分组成。

(1) 光照度检测部分利用光照度传感器,周期性采集自习室内的光照强度,每次采集完毕后将采集结果发送给处理部。

(2) 人员检测部分利用热释电红外传感器,周期性检测自习室内是否有人,每次判断结束后将结果发送给处理部分。

(3) 数据处理部分由协调器负责完成,它接收来自于光照度传感器和热释电红外传感器的数据,并对是否开关灯作出判断,并将判断结果发送给灯开关控制部分。

(4) 灯开关控制部分由执行节点来模拟,选取执行节点的一路继电器来模拟灯光的开和关。

整个系统如此便可以智能、自动地实现灯的节能控制,如图5-01所示。

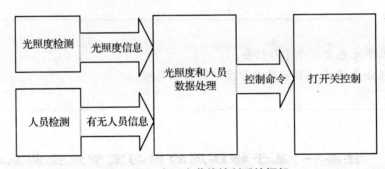

图5-01 自习室节能控制系统框架

系统利用ZigBee机制工作,ZigBee网络的工作方式是:首先由协调器节点建立通信网络,建立成功后,其他通信节点加入该通信网络。加入通信网络成功之后,所有的节点都可以发送数据到协调器节点,也可以接收到协调器节点发送过来的信息,即可以相互通信。

实训时,光照度节点用于检测光照强度,安防节点(人体热释电节点)用于检测自习室内有没有人员,协调器节点负责信息处理和控制命令分析、发送,执行器节点用作灯开关控制。

1. 光照度检测子系统

光照度检测子系统作为自习室光照度信息监测的信息采集发送部分,由光照度节点完成功能。通过光照度传感器获得光照度数据,并发送到数据处理部分。

光照度节点带有光照度传感器,以ADC的方式得到两个字节的光照度数据,并将处理结果送至数据处理节点。对于光照度是否满足照明条件的判断,则由数据处理节点来完成。

2. 人员检测子系统

人员检测子系统中由人体热释电模块负责周期性检测自习室内有没有人员,并将检测结果发送到数据处理节点。

人员检测节点带有人体热释电模块,该模块工作时,当附近有人就从输出端输出高电平,没人则输出低电平。通过判断人体热释电模块输出口的电平高低得到检测结果,当检测到有人时,读取的返回值为"1",检测结果是没人时,读取的结果为"0"。根据读取的结果,向数据处理节点发送检测结果,如图 5-02 所示。

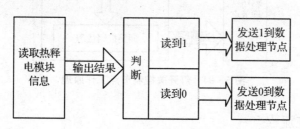

图 5-02　人员检测节点工作原理

3. 数据处理部分

数据处理部分(也称数据处理节点)接收光照度节点和人员检测节点的数据,并通过综合判断光照度信息和人员检测信息得出应该开灯或者关灯的控制命令,然后将控制命令发送到灯开关控制节点。

数据处部分点由 ZigBee 网路中的协调器完成,光照度节点、人员检测节点和灯开关控制节点都会向数据处理节点发送数据。

协调器首先询问当前网络中,谁是光照度检测节点,谁是人员检测节点,谁是灯开关控制节点,并将它们的地址记录下来,以便在将来接收到数据时,根据来源地址判断数据是来自哪里。

接下来,在协调器的接收处理函数中,不断接收来自于其他节点的数据,并将每一种传感器的当前状态记录下来,并综合所有传感器的状态得出灯光的控制结果,进而最终将控制指令发送给灯光,如图 5-03 所示。

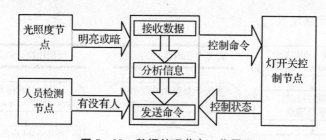

图 5-03　数据处理节点工作原理

4. 灯开关控制子系统

灯开关控制子系统负责接收并执行数据处理节点发送过来的控制命令,完成对自习室灯的开和关的控制。

灯开关控制子系统上带有 4 个可控的继电器,对这 4 个继电器的控制可以通过向该节点发送一个字节的控制指令来完成,这一个字节中的最低 4 位,每一位分别对应了一个继电器。

在本实训中,我们只选取了其中的一路继电器,来模拟对灯光的开关控制。

等开关控制子系统的框图如图 5-04 所示。

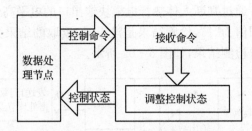

图 5-04　灯开关控制节点工作原理

二、控制系统流程

1. 光照度节点工作流程

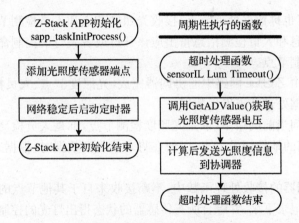

图 5-05　光照度节点流程图

2. 人员检测节点流程

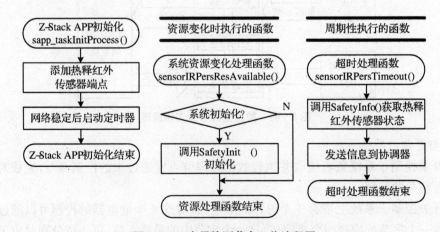

图 5-06　人员检测节点工作流程图

3. 数据处理节点流程

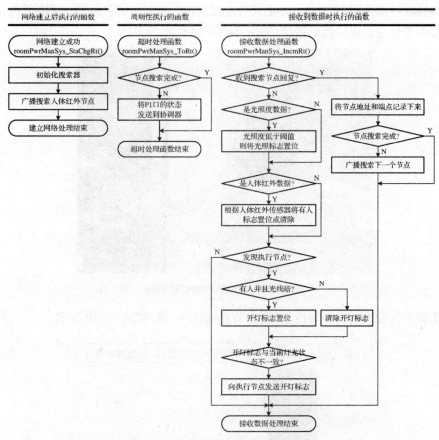

图 5‑07 数据处理节点工作流程图

4. 灯开关控制节点流程

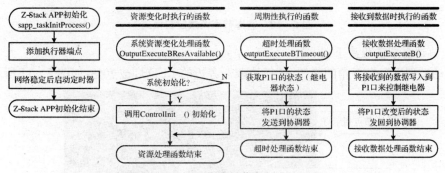

图 5‑08 灯开关控制节点工作流程图

5.1.3 任务同步训练

本任务训练需要用到四个节点：一个协调器、一个光照度传感器节点、一个人体红外传感器节点、一个灯光控制节点。

1. 硬件连接

将调试器一端使用 USB A-B 延长线连接至 PC 的 USB 接口,另一端的 10pin 排线连接到实训平台左下角的调试接口,如图 5-09 所示。

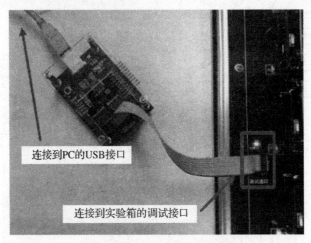

图 5-09　程序下载硬件连接图

将实训平台右上角的开关拨至"旋钮节点选择"一侧,如图 5-10 所示。

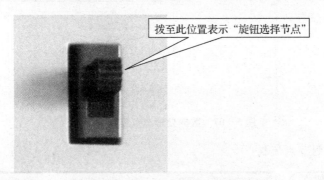

图 5-10　选择节点调试控制模式

2. 协调器节点程序下载

转动实训平台左下角的旋钮,使得协调器旁边的 LED 灯被点亮,如图 5-11 所示。

图 5-11　调整调试节点

打开 Z-Stack APP 的 SappWsn.eww 工程文件,在 SappWsn 工程的基础上添加代码。

按照样例程序路径,将"roomPwrManSys.c"和"roomPwrManSys.h"复制到 SappWsn.eww 工程的 SappWsn\Source 目录下。

在工程目录结构树中的"App"组中找到"SAPP_Device.c"和"SAPP_Device.h",按住键盘的"Ctrl"键,依次使用鼠标左键点击这两个文件,并点击右键,选择"Remove",如图 5-12 所示。

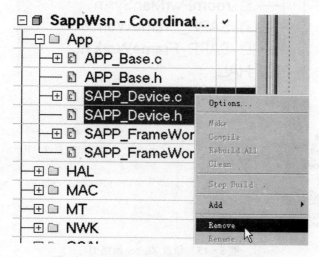

图 5-12 移除工程中原有的 SAPP_Device

在"App"组上点击鼠标右键,选择"Add"菜单下的"Add Files",如图 5-13 所示。

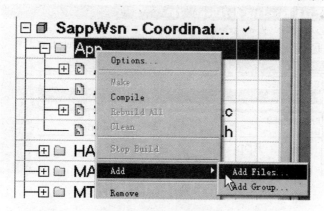

图 5-13 添加实训代码

选择之前复制进来的 roomPwrManSys.c 和 roomPwrManSys.h,添加完成后如图 5-14 所示。

在"Tools"组中,找到"f8wConfig.cfg"文件,双击打开,找到这行"-DZAPP_CONFIG_PAN_ID=0xFFFF",将其中的"0xFFFF"修改为其他值,例如"0x0010",如图 5-15 所示。

注意:每一个实训平台应当修改为不一样的 PAN_ID。

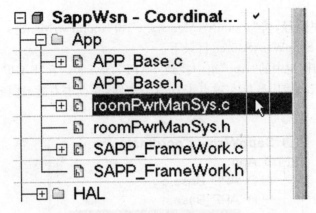

图 5-14 添加 roomPwrManSys

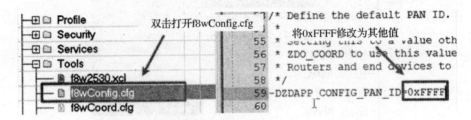

图 5-15 修改 ZigBee 网络 ID

在工程目录结构树上方的下拉列表中,选择"CoordinatorEB",如图 5-16 所示。

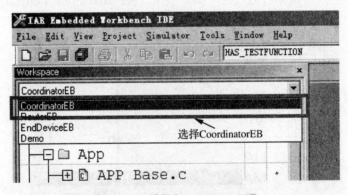

图 5-16 选择"CoordinatorEB"

点击工具栏中的"Make"按钮编译工程,如图 5-17 所示。

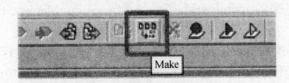

图 5-17 编译工程

等待工程编译完成,出现如图 5-18 所示警告,可以忽略。

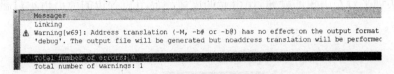

图 5-18　地址映射警告

在工程名称上点击鼠标右键,选择"Options",并在弹出的对话框中选择左侧的"Debugger",并在右侧的"Driver"列表中选择"Texas Instruments",如图 5-19 所示。

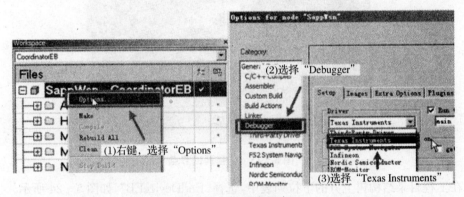

图 5-19　选择调试驱动

点击"Download and Debug"按钮,如图 5-20 所示。

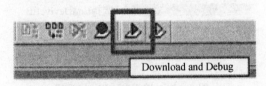

图 5-20　下载并进入调试状态

待程序下载完毕后,点击"Go"按钮,使程序开始运行,如图 5-21 所示。

图 5-21　运行程序

点击工具栏中的"Stop Debugging",退出调试模式,如图 5-22 所示。

图 5-22　退出调试模式

3. 光照度传感器节点程序下载

转动实训平台左下角的旋钮,使得光照度传感器节点旁边的节点指示灯被点亮,如图 5-23 所示。

图 5-23 调整调试节点

在工程目录结构树上方的下拉列表中,选择"EndDeviceEB",如图 5-24 所示。

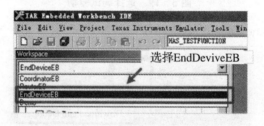

图 5-24 选择"EndDeviceEB"

在"roomPwrManSys.h"文件中,取消"ILLUM_NODE"的注释,并保证其他的功能均被注释,如图 5-25 所示。

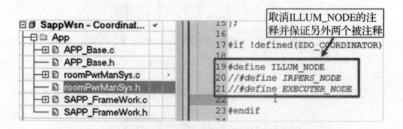

图 5-25 取消 ILLUM_NODE 注释

点击工具栏中的"Make"按钮,编译工程,如图 5-26 所示。

图 5-26 编译工程

在工程名称上点击鼠标右键,选择"Options",并在弹出的对话框中选择左侧的"Debugger",并在右侧的"Driver"列表中选择"Texas Instruments",如图 5-27 所示。

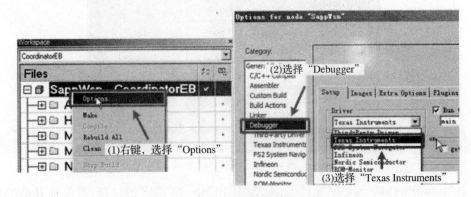

图 5-27 选择调试驱动

点击"Download and Debug"按钮,如图 5-28 所示。

图 5-28 下载并进入调试状态

等待程序下载完毕后,点击"Go"按钮,使程序开始运行,如图 5-29 所示。

图 5-29 运行程序

点击工具栏中的"Stop Debugging",退出调试模式,如图 5-30 所示。

图 5-30 退出调试模式

4. 红外传感器节点程序下载

转动实训平台左下角的旋钮,使得红外传感器节点旁边的节点指示灯被点亮,如图 5-31 所示。

图 5-31 调整调试节点

在"roomPwrManSys.h"文件中,取消"IRPERS_NODE"的注释,并保证其他的功能均被注释,如图 5-32 所示。

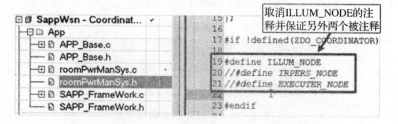

图 5-32 取消 IRPERS_NODE 注释

点击工具栏中的"Make"按钮,编译工程,如图 5-33 所示。

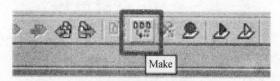

图 5-33 编译工程

点击"Download and Debug"按钮,如图 5-34 所示。

图 5-34 下载并进入调试状态

待程序下载完毕后,点击"Go"按钮,使程序开始运行,如图 5-35 所示。

图 5-35 运行程序

点击工具栏中的"Stop Debugging",退出调试模式,如图 5-36 所示。

图 5-36 退出调试模式

5. 执行节点程序下载

转动实训平台左下角的旋钮,使得执行节点旁边的节点指示灯被点亮,如图 5-37 所示。

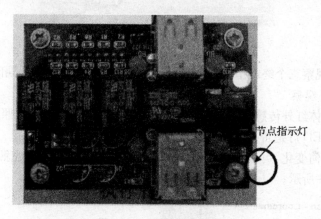

图 5-37 调整调试节点

在"roomPwrManSys.h"文件中,取消"EXECUTER_NODE"的注释,并保证其他的功能均被注释,如图 5-38 所示。

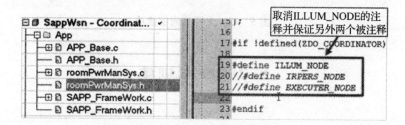

图 5-38 取消 EXECUTER_NODE 注释

点击工具栏中的"Make"按钮,编译工程,如图 5-39 所示。

图 5-39 编译工程

点击"Download and Debug"按钮,如图 5-40 所示。

图 5-40 下载并进入调试状态

待程序下载完毕后,点击"Go"按钮,使程序开始运行,如图 5-41 所示。

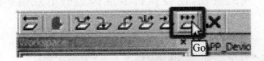

图 5-41 运行程序

稍等片刻,观察三个终端节点是否已经正确加入网络(LED 灯周期闪烁)。

6. 结果信息观察

通过改变人体红外传感器所处的环境,以及光照度传感器的受光照强度,观察继电器的 AU 一侧的 LED 灯是否按照预期的规律变化。

如果没有任何变化,可以尝试修改 roomPwrManSys.c 文件的光照度传感器的比较阈值,如图 5-42 所示。

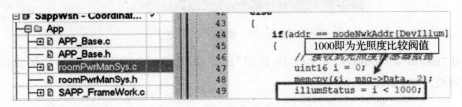

图 5-42 光照度阈值修改

5.2 自主训练

一、实训项目

利用学习过的各个程序模块,组合成为一个综合显示程序,并运行。要求该程序可以显示 Zigbee 网络的拓扑结构,当点击某个节点时可以自动显示该节点的信息。

二、理解与思考

(1) 物联网层次结构如何划分？
(2) 物联网在技术和应用层面各有什么特点？

三、自我评价

评价内容		评价			
学习目标	评价项目	优	良	中	差
熟悉各种传感器驱动	各种传感器驱动程序编写				
熟悉 ZigBee 各种网络搭建	ZigBee 各种网络搭建				
熟悉 IAR 集成开发环境使用	IAR 集成开发环境使用				

附录1：实训平台节点管理程序

在实训平台内还嵌入了一个节点管理程序，可以批量烧写（还原）CC2530节点的代码，并且可以为这些还原之后的节点设置PAN ID。

在做下一步操作前，首先将实训平台右上角的开关拨至"触屏节点选择"一侧，如图01所示。

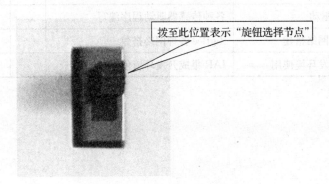

图01　选择节点调试控制模式

按下LCD屏幕下方，靠近屏幕左上角的"Lock"键（如图02所示），启动节点管理程序。

图02　"Lock"键位置

节点管理程序的主界面如图03所示。

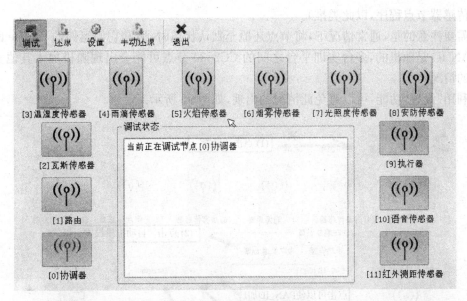

图03 节点管理程序主界面

可以看到,节点管理程序的主要功能包括"调试"、"还原"、"设置"和"手动还原"。

其中,"调试"功能相当于旋钮选择节点功能,点击屏幕上的节点图标,对应节点即可被选中调试。

"还原"功能可以批量将节点还原至默认状态(即带有 ZigBee 2007 协议的组网状态),其界面如图04所示。

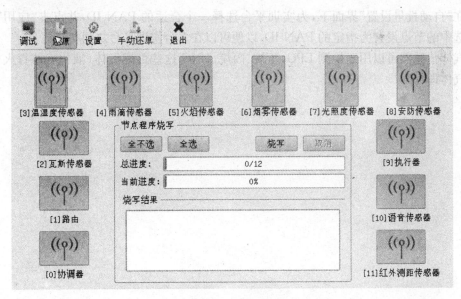

图04 "还原"界面

选择需要还原的节点,使其处于红色的状态,点击"烧写"按钮,即可将选中的节点还原至默认状态(即,"协调器"节点将被烧写协调器程序,"温湿度传感器节点"将被烧写温湿度传感器节点程序,以此类推)。

需要注意的是,通常情况下,将节点还原至默认状态时,通常它们组件的ZigBee网络的PAN ID是随机的,多台实训平台之间的CC2530节点可能会出现随机加入其他实训平台的情况。

利用"设置"功能,可以避免此情况的出现,如图05所示。

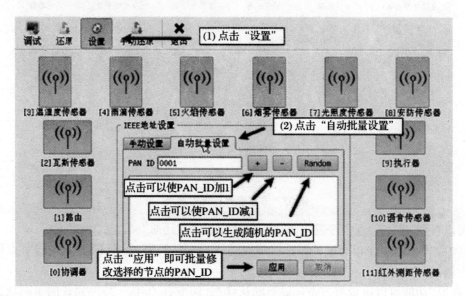

图05 "设置"功能界面说明

在"自动批量设置"界面下,为实训平台选择一个合适的PAN ID,并点击"应用",即可将选中的节点设置为指定的PAN ID,以便可以在多台实训平台之间相互区分。

气体传感器可以用于检测LPG、丁烷、丙烷、LNG这些可燃气体(液化气体打火机里面的气体即可)。

内容简介

本书是一本校企合作开发、工作任务引导模式的教材。

本书是针对高等职业教育"物联网感知技术应用"方面编写的一本实用性教材,强调以应用与能力为本位,突出理论与实操的有机交融。本书采用项目组织方式,以任务驱动的方法,深入浅出地介绍了微处理器通用 I/O 口读写、传感器技术与应用、无线传感器网络技术应用等内容。本书强调在掌握无线传感器网络基础知识同时,通过对书中所述案例的理解,提高读者分析问题、解决问题的能力。

本书适合高职院校物联网技术应用专业作为系列教材使用,也适合对物联网感兴趣的各类读者参考阅读。

图书在版编目(CIP)数据

物联网感知技术应用 / 张颖,李松林主编. —南京:
南京大学出版社,2014.12
 ISBN 978-7-305-14596-4

Ⅰ. ①物⋯　Ⅱ. ①张⋯　②李⋯　Ⅲ. ①互联网络—应用　②智能技术—应用　Ⅳ. ①TP393.4　②TP18

中国版本图书馆 CIP 数据核字(2015)第 004222 号

出版发行	南京大学出版社
社　　址	南京市汉口路 22 号　邮编　210093
出 版 人	金鑫荣
书　　名	物联网感知技术应用
主　编	张　颖　李松林
责任编辑	王秉华　王抗战　　编辑热线　025-83596997
照　　排	江苏南大印刷厂
印　　刷	南京京新印刷厂
开　　本	787×1092　1/16　印张 12.75　字数 302 千
版　　次	2014 年 12 月第 1 版　2014 年 12 月第 1 次印刷
ISBN	978-7-305-14596-4
定　　价	27.00 元

网　　址:http://www.njupco.com
官方微博:http://weibo.com/njupco
官方微信号:njupress
销售咨询热线:(025)83594756

* 版权所有,侵权必究
* 凡购买南大版图书,如有印装质量问题,请与所购
　图书销售部门联系调换